生活中的心理成长

王丽萍——著

九州出版社
JIUZHOUPRESS

图书在版编目（CIP）数据

生活中的心理成长 / 王丽萍著 . -- 北京：九州出
版社，2025.5. -- ISBN 978-7-5225-3947-8

Ⅰ. B84-53

中国国家版本馆 CIP 数据核字第 2025FR5303 号

生活中的心理成长

作　　者	王丽萍　著
责任编辑	李文君
出版发行	九州出版社
地　　址	北京市西城区阜外大街甲 35 号（100037）
发行电话	（010）68992190/3/5/6
网　　址	www.jiuzhoupress.com
印　　刷	三河市华东印刷有限公司
开　　本	710 毫米×1000 毫米　16 开
印　　张	17.5
字　　数	286 千字
版　　次	2025 年 5 月第 1 版
印　　次	2025 年 5 月第 1 次印刷
书　　号	978-7-5225-3947-8
定　　价	78.00 元

自　序

随着社会的快速发展，经济水平的提升，人们已经不再为物质需求而烦恼，反而被各种心理问题所困扰。《2023年度中国精神心理健康》蓝皮书指出，随着社会竞争急速加剧，国民心理压力大大增加，大众心理健康问题凸显。成人抑郁风险检出率为10.6%，焦虑风险检出率为15.8%，仅有36%的国民认为自己的心理健康状况良好；学生群体的心理健康问题日益突出，呈低龄化趋势。

心理健康的科学普及和宣传工作，可以极大地预防心理问题的出现，本书试图帮助更多的人进行心理调适和自我疗愈，具有较高的应用价值。

如何在纷繁复杂的人世间，保持一份世间独立的清醒与超然？

为什么我们的命运总被他人左右，为什么生活总有那么多的艰难困苦？为什么上天如此不公？为什么我们总是快乐不起来，烦恼那么多？

我们该如何主宰自己的命运，做出属于自己的选择？

每个人都有选择的能力，但是在现实生活中，往往受困于命运、现实、环境、条件，渐渐地忘了如何行使自主选择的权利，从而被命运推着走，被现实所局限，被环境所困顿，逐渐出现各种各样的心理问题。

本书以故事和随笔的形式，将心理学理论以通俗易懂的方式呈现出来，书的第一编"人生选择"：从自我的选择、自我接纳、命运的选择、人生的选择四大模块，分析探讨生命中的重要选择主题和选择事件，以及如果掌握自己的命运，做出人生的选择；第二编"情绪管理"：从抑郁焦虑和情绪管理两个模块，分析消极情绪的特点，探讨情绪管理之道；第三编"疗愈之道"：通过认知转变和自我疗愈之道两个模块进行心理调适方法、技巧、策略的分享。

　　整书结合现实故事、经典传统文化故事、心理咨询案例和哲理寓言故事，将心理健康理念和心理调适方法有机融入故事中，语言生动丰富，表达流畅通情，让读者能够产生深深的共鸣，并从中获得启发与疗愈，是值得推广的心理学通俗读物。

目 录
CONTENTS

自我的选择

每个人都有自我选择的能力，也有自我选择的权力。当你知道现在的负面想法是自己选择的时候，你就可以改变想法，选择一个积极的想法。当你的选择改变了，想法就改变了，情绪和行为自然就会改变。

被困在塔里的公主

　　从前，有一位美丽的公主，在她小的时候，有个女巫告诉她，她长得很丑，一定要待在高塔里，不要出来，不然就会吓着别人。这位公主就一直生活在高塔里，每天从窗户遥望天空，哀怜自己的丑陋。突然有一天，有位王子来到塔下，看到了窗前的公主，惊叹公主的美丽，找来梯子爬了上去，拯救了美丽的公主。

　　公主不能自己从塔楼里出来吗？是什么困住了她走出来的脚步呢？

　　如果说是女巫的谎言禁锢了公主的脚步，不如说是公主"相信自己丑"禁锢了自己。如果公主对自己有清醒的认知，她就会知道自己不但不丑，反而很美；如果公主不再担心自己的"丑"吓着别人，让别人不喜欢，也不会甘心待在高塔里。即使长得丑，也有权利生活在阳光下，也有权利快乐地生活。

　　认识自己有多重要？

　　在古希腊的德尔菲神庙中，有一块石碑，上面刻着"认识你自己"。我国古代的老子说过，知人者智，自知者明。可见，认知自己，有自知之明，是古今中外的共识。但是，认识自己有多难？有多少人能清楚地回答出"我是谁"这个问题？在前几年的电视剧《武林外传》中，吕秀才和姬无命的几句对话，最终让姬无命杀死自己，就充分显现出了这个问题的难度。

　　这其实是一个深奥的哲学命题。

　　却也是每个人都需要思考和回答的问题。

　　因为只有清楚地认知自己，明确自己的定位，了解自己的个性特点，知道自己的长处和局限性，才能更好地改进自己，扬长避短，实现自我的价值。

　　可是，就像苏轼的诗中所写"不识庐山真面目，只缘身在此山中"，认识他人易，认识自己难。反观自己的时候，总是会带有各种有色眼镜，有的是玫瑰色的光环，有的是灰暗的色彩，加上社会心理学提出的自我服务式偏见，更是难以认识真实的自己。

那就不去认识自己了吗？

当然不，还是有一些途径可以帮助我们认识自己的。

首先，通过自己来认识自己。曾子曰，吾每日三省吾身。我们虽然难以做到每日反省，但可以每周反省，经常反省。只有反省，才能让自己成长、改变。在这方面，曾国藩堪称是反省楷模，他三十岁后，脱胎换骨的变化，离不开每日的反省日记，据说直到去世前的一天，还在写反省日记。这份坚持，这份自省精神，真的是常人所难及。

其次，可以通过他人来认识自己。他人的反馈、评价，都可以是一面镜子，来映照出自己。但要格外警惕的是，不管是谁对你的评价，都会带有其个人的主观偏见，所以，如果觉得别人的评价合理就吸取，不合理就不吸取。

再次，要像接纳大自然那样接纳自己。月有阴晴圆缺，天有不测风云，但是，我们不会因月缺而厌月，不因天雨而咒天，因为我们知道，这些都是自然现象。同样，每个人都有优点和缺点，甚至有人说，一个人有多少优点就会有多少缺点。然而，我们总是喜欢自己的优点，不喜欢自己的缺点，甚至希望所有的缺点就像秋风中的落叶一样，都消失殆尽为好，可是很多时候，我们越抵触它，它就会越有力量。就像《尼布尔的祈祷文》中说的：上帝，请赐予我平静，去接受我无法改变的；给予我勇气，去改变我能改变的；赐我智慧，分辨这两者的区别。如果我们觉得缺点是可以改变的，就去改变它，如果不能改变，就坦然的接受，它就是我们的一部分。

最后，要学会自我监控，自我反思和自我提升。在不断地反思和提升中，遇见更好的自己。

保护你的高塔，同时也是障碍

这个故事还有另一个版本。这是在一幕心理剧中看到的故事，印象深刻。

有一位在高塔里的长发公主，衣食无忧，岁月静好，但是公主非常向往高塔外的生活，希望能够走出高塔，看到更多的世界。但是如果离开高塔就会有很多的毒蛇怪兽，仆人们百般劝导，不希望公主放弃舒适的生活，只身涉险。如果公主一生不离开高塔，可能这一生也会衣食无忧地度过，然而公主还是勇敢地踏上离开之旅，并与毒蛇怪兽搏斗，最终战胜了它们，一层层离开了高塔。

她说了一句很有哲理的话：能够保护你的高塔，同时也囚禁了你。

记得阳明先生在赣南剿匪的时候，有一处险要之地叫鲫鱼背，那个地势，鸟也难飞过去。匪徒陈日能等人盘踞于此，立誓不下山，因为那里的确堪称"一夫当关，万夫莫开"。

这是保护他们的天险，普通的思维方式是想办法攻克天险，去剿灭他们，但是王阳明却反其道而行之，把下面所有的匪徒都剿灭之后，守在那个天险路口，不让他们下山。他说能够保护匪徒的天险，也同时是束缚他们的枷锁。

多么深刻的哲理，那些能保护我们的一些东西，却同时成了我们的限制。

比如，舒适圈。

我们可能很多人终生都在一个地方，不愿意离开那个给我们舒适体验的地方，一旦离开就意味着不确定，意味着风险，意味着缺乏衣食无忧的境地，意味着奋斗……

然而人在舒适圈中，不会有太多挑战，人不会有太多长进。

我们想要走出舒适圈，却难以迈出那最开始的一步，因为大脑偏好确定的事情，偏好熟悉的事情。当然有人反驳说"我一生待在舒适圈里不好吗？那是自己舒适的生活"，当然也不错，就像公主一生待在高塔里，可以一辈子衣食无忧；就像青蛙一生待在井底，也可以自在鸣唱，并把圆圆的、井口大的天看作自己的全部世界。

"徒步中国"的雷殿生，他在 20 世纪 80 年代做小包工头的时候，就能日入万元，舒舒服服地过锦衣玉食的生活不好吗？为什么还卖了房子，背起 96 斤的全部家当徒步全中国？关键是还历经千难万险，九死一生？

那个让我们舒适的高塔，同时也限制了我们的成长与发展。

要不要走出舒适区，完全在于自己的选择。

如果有更多想法、更多梦想，还是要突破舒适圈，一点点地到拉伸区扩充自己。

每一次地迎接挑战，就意味着每一次地突破，每一次地成长。

要不要走下高塔，全在自己。

剧幕的最后，仆人问："有没有王子来拯救？"公主说："不需要别人的拯救，我能够自己拯救自己！"

选择的自由

古典行为主义的创始人华生（John Watson）最早提出了刺激和行为的"S—R 反应模式"，认为人的行为是由外界刺激引发的反应。人类是不是一遇到什么刺激，就会产生什么反应呢？

咨询中总是会遇到将问题归咎于环境和他人的例子，小孩子缺少反思能力，也经常会把责任归咎于外在，认为一切都是他人的错。

受控于他人或环境

当我们总是寻求外部原因的时候，就会发现：我的抑郁是别人造成的，我的不幸是因为生于这样的原生家庭，我的贫困是因为没有有钱的父母，我的失落是因为没有天生丽质，我的失败都是他人的不公，我的不足都是上天的偏心，为什么老天对他们好，而对我如此不公？

把一切不满都归结于外在的时候，我们是无法获得真正的成长的。因为我们无法改变外在的环境，无法改变自己的出身，无法改变自己的容貌，无法改变自己的性别，无法改变自己的父母，无法决定别人的反应，无法管得了明天是不是依然下雪……

但是在刺激和反应之间，还有人的主体性。人有选择的自由，人可以改变自己对刺激的认识和看法。

掌控自我

刺激 ——选择的自由——> 反应

维克多·弗兰克尔（Viktor Frankl）是奥地利精神病学家，也是意义疗法的开创者，他的故事很经典地诠释了人类在厄运中依然可以保持自由意志，拥有自由选择的权利。弗兰克尔曾在"二战"时被关入奥斯维辛集中营，那儿被称为"死亡工厂"，代表着毒气室、焚烧炉、大屠杀，极少有人能从那儿活着回来。他在那里只是代号为119104的囚徒，每天过着饥寒交迫、恐惧无助、受尽折磨的生活，朝不保夕。但就在那样恶劣的环境里，弗兰克尔领悟到了人依然有选择的自由。他说，纳粹控制的是他的生存环境，摧残的是他的肉体，但他的自我意识是独立的，是能够超脱肉体和环境束缚的。在苦难中，一个人仍然可以保持勇敢、自尊和无私。就像尼采说的，"知道为什么而活的人，能够忍受任何一种生活"。① 弗兰克尔发现，在奥斯维辛集中营关押的狱友们，很多不是因为食物或药品的匮乏而死，而是失去了活下去的希望和勇气。他通过自己的亲身经验，发现人活着就是为了追寻生命的意义。苦难本身并没有意义，但是我们可以给苦难赋予一定的意义。人的内在力量，足以改变外在的命运。

环境是我们无法控制的，基因是我们无法决定的，但即使在最恶劣的情境下，我们依然可以选择自己的情绪和行动。"一些不可控的力量会拿走你很多东西，唯一无法剥夺的是你自主选择如何回应不同处境的自由。"这是人类区别于动物的独特潜能，请积极地开发并利用它。

---

① 尼采. 偶像的黄昏［M］. 杨丹，陈永红，译. 南京：江苏文艺出版社版，2025. 原文 "If you have your why for life, you can get by with almost any how."

每个人都有自己的太阳

明代著名思想家、军事家、教育家，心学的创立者阳明先生在龙场悟道时，曾悟到"圣人之道，吾性自足"。每个人都是本自圆满的，都有自己的太阳，遇事要向内寻求，正如孟子所说"行有不得，反求诸己"，阳明先生说"向事事物物中去求理，误也"，于是提出了"心即理"的著名论断。他说"人人都有定盘针，万化根源总在心"，自己知道答案。这与以人为中心疗法、叙事疗法、焦点解决短期疗法等的观点相似，相信来访者是自己的专家，自己知道问题的解决之道，只是没有找到。

阳明先生说，"人人心中有仲尼"，每个人内心都有自己的良知，这个良知能够知善知恶，跟随着良知的指引，就能够做出正确的选择。良知本来就在，不管圣贤还是凡夫，都有本自具足的良知本体，这是人的天赋本能，能够知道善恶，正如朱子所说"人虽不知而己所独知"。知道了善恶，就需要做出选择，为善去恶是格物，"格其不正，以归于正"，在具体的事物上去做，种善念，做善事，才能成善果。

可是如果人人都有良知，为什么世界上还有战争、掠夺、剥削、攻击、伤害、偷盗、抢劫等负面现象呢？阳明先生当时多次受命去两广等地剿匪，那里盗贼横行，并且常年盘踞在地势险要之处。他每到一个地方，总是先用言辞恳切的文字进行说服，他相信即使是盗贼依然有良知，不然，你当面叫他是贼，他肯定不乐意，就是因为他知道当贼是不好的，而这个就是他的良知所感到的。

知道当盗贼不好，为什么还要去当贼呢？这是自己的良知被私欲遮蔽的原因。每个人都有本自圆满的本心，心之本体原是无善无恶的，可是在世俗的洗染下，心之本体容易沾染灰尘，被贪心、嗔心、痴心、慢心、疑心、求不得、恨不能等占据，因此无法做出合理的判断和选择。

然而这些私欲就像乌云，是无法遮挡住太阳的光芒的。良知就像太阳，良知扩充之后，就会放出更多光芒，不断冲破乌云的遮挡，让内心充满越来越多的光明。

我们遇到的很多心理问题或情绪困扰，大多是自己的私心杂念太多，是内心私欲的乌云太多，以致总感觉到天空也是灰蒙蒙的。

六祖惠能开悟时，针对神秀的四句谒"身如菩提树，心如明镜台，时时常拂拭，莫使惹尘埃"，回复说"本来无一物，何处惹尘埃"，这是非常高的境界，常人难以企及。但是对慧根不是特别深厚的大多数普通人来说，需要时时清扫自己内心上的灰尘，使得自己的良知越来越明亮。

找到自己内心的太阳，相信即使乌云再多，也遮不住太阳的光芒。

拿回快乐自主权

我们总是习惯性地把问题归因于环境与他人：

都是因为老板太苛刻，所以没挣到钱；

都是因为孩子不听话，整天惹我生气；

都是因为那人太无礼，才让我勃然大怒；

都是因为天气总不好，才使得我心情郁闷

......

可是，那只是我们的大脑呈现出来的戏码，不一定是真的。主动权本来在我们手里，如果外在的人或环境为我们做决定的话，"我"在哪里呢？大家都见过提线木偶，如果我们的情绪被他人所主导，让我们开心就开心，让我们生气就生气，那跟提线木偶有什么区别？

也许外在的环境有太多的不如意，但我们依然会有选择，因为主动权在我们自己手里。

外在的事情不是决定我们情绪的因素，如何看待这些事情，才是最重要。

这就是著名的情绪ABC理论。

A代表诱发性事件，C代表特定情景下，个体的情绪及行为的结果，而B代表个体在遇到诱发事件之后相应而生的信念。不是诱发性事件A直接导致了C的发生，而是我们对这件事的看法和解读导致我们的行为或情绪。

有什么想法，就会有什么人生，可是我们总是很少反思自己的想法。

一个人真正的改变，是认知的改变，想法改变了，人生也就改变了。

著名的脑科学研究专家洪兰教授说，大脑神经有很强的可塑性，你的想法会改变你的大脑神经，神经影响行为，而行为的出现又影响神经，从而改变大脑神经回路。

抑郁是我们用太多消极情绪的应对方式，增强了负面情绪的大脑回路，所以遇到不如意的事，大脑电信号自然会先通过"路宽"的回路，也就是加强了抑郁，从而形成恶性循环。

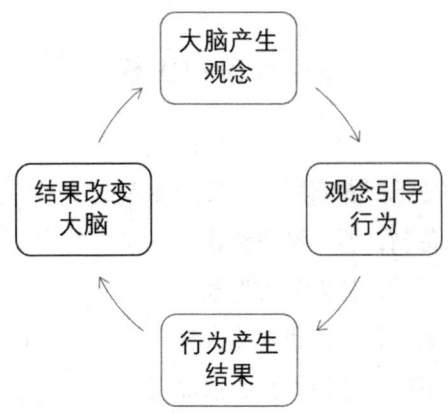

同样的道理，如果我们决定快乐，就去做让自己快乐的事，乐观地对待遇到的人、事、物，增强快乐的感觉，不断增强快乐的神经回路。

你想塑造怎样的大脑回路，就去做出怎样的回应。

不是别人使你生气，是你自己使你生气；

不是别人让你不快乐，是你自己不快乐。

控制权在自己手里。

"抱怨像骑木马，它让你有事做，却不会前进一步。"洪兰老师如是说。

牛奶打翻了，不要在那儿自责、难过、抱怨、发牢骚，覆水难收，重要的是赶紧再去买一袋牛奶。

过去的已经过去了，不管好与不好，都已经成为历史，接纳过去，关注当下，未来就在自己的脚下。

拿回自己的快乐控制权，做自己的主人。

追随自己的内心

有一次在全国社会心理健康服务体系的圆桌论坛，有位老师提问说，德国人讲精确，美国人讲英雄，中国人讲什么？骆教授回答了两个字：良知。

中国人讲良知。

什么是良知？孟子曾说，"不学而能，不虑而知，是为良知"。良知之心人皆有之，跟随自己的良知，追随自己的内心，做自己内在良知指导我们去做的事，就是致良知。

致良知是阳明先生最早提出的，他说："吾之讲学，无非致良知三个字而已。"阳明先生认为，"圣人之心，人皆有之"，不管是圣人还是凡夫俗子，都有圣心，这就是良知之心，区别就在于这颗心的光明程度，就类似于金子纯度方面的区别。圣人之心可能是纯金打造的，而普通人的心有很多的杂质掺杂，纯度不够。所以圣人之心和凡夫之心的区别，不在于金子的重量之差别，而在于纯度。所以，程朱理学主张"存天理，灭人欲"，这个天理就是金子，人欲就是杂质。

如果自己的良知之心有很高的纯度，那就像指路明灯一样，可以照亮我们迷茫的前路，告诉我们怎么去做。就像阳明先生说的，"良知知是知非，跟着自己的良知走，没有不对的"。

洪兰在讲座中谈到父亲给予的教诲：小事听你的头脑怎么说，大事听你的心怎么说。

也就是说，在大的决策面前，要静下心来，聆听自己的内心，澄清自己内心那个真实的声音，然后将那个细小的声音放大些，清楚些，以让自己更明确自己内心的真实所想，然后听从那个声音就可以了。

追随自己的内心，跳出头脑，融入生活。

头脑总是给我们太多的指导和评判，导致我们产生太多私欲或顾及，不知该怎么选择。虽然反复思量和权衡，比较利弊得失，选择一个看似最有利于自己的选项，但是如果不是内心最真正想要的，在事后明晰后，往往会追悔莫及，所以诸葛亮总是事后才来。

之所以听头脑的指挥，是因为没有很好地信任良知、应用良知。

良知是每个人的"内心诸葛亮"。

人人都有良知，稳坐中军帐，如果能够不断地致良知，根据良知的指引做事，不断去除各种私欲对良知的遮蔽，就能更好地光明内心。只要内心光明澄静，就能物来则照。盗贼也有良知，因为你喊他贼他也不乐意，这就说明他内心深处是知道自己在做违背良知的事情。只因私欲太重，选择把自己蒙蔽起来，让自己的良知部分沉睡，只发挥了他意识中比较邪恶那部分。没有致良知，在黑暗中，路会越走越窄。

致良知的功夫就是除去良知上的蒙蔽。当去除了非良知的东西，良知彰显之后，它自然会发挥自己的作用。到底怎么让良知发挥作用？我曾就这个问题专门请教过一位导师，导师说，当你知道那个东西是舌头的时候，还用着跟你说怎么用吗？当下恍然。

所以，阳明先生说，人人心中有仲尼，何必枝枝叶叶向外寻。追随自己的内心，不需要非得刻意去问该怎么做，也不需要别人告诉你该怎么做，良知自会指出明路，知与行才能真正合一。

选择自己的想法

在咨询过程中，经常会遇到陷于情绪苦恼的来访者，他们带有很多消极想法，比如：

1. 我觉得我不够好。
2. 我觉得我不配得。
3. 我觉得别人都不喜欢我。
4. 我觉得我很失败。
5. 我觉得别人都不帮我。
6. 我觉得我想做的事情，都没有做到。
7. 我觉得我可能是世界上最失败的人。
8. 我觉得我活在这个世界上没有价值。
9. 我觉得我活在这个世界上没有意义。
10. 我觉得我是不被爱的。

如果我们仔细想想，就会发现这些想法都经不住推敲，这些想法的反面也一样能站得住脚。比如：

1. 我觉得我很好。
2. 我值得世界上一切的美好。
3. 别人都很喜欢我。/即使别人都不喜欢我，至少还有我自己喜欢我自己。
4. 我很成功，有房有车。/只要去做，就是成功，赢一次，只是赢了自己。
5. 别人都在帮我。/天助自助者，当别人不帮我的时候，要记住帮助自己。

6. 我想做的事情，都做到了。／想到就要做到，如果没有做到，只是功夫没到。

7. 我不是这个世界上最失败的人，比我失败的人多了去了。

8. 我活着本身就是最大的价值。

9. 我活着，就是对家人、朋友最大的意义。

10. 我是被爱着的。／如果没有人爱我，至少我还爱着我自己。

大家可以看到，相反的想法依然能够立得住脚。

也就是说，怎样去想，是我们的选择。

你可以选择你被爱的想法，也可以选择你不被爱的想法。

当你产生不同的想法时，就会找到不同的事情来佐证自己的想法。

比如，当你选择自己是不被爱的时候，你可能会想出从小到大不被爱的事件。举例来说：

　　利维因投资失败，酗酒，婚姻危机来咨询，咨询师帮助利维分析自己潜意识的一些想法。利维说他从小是不被爱的，父亲脾气暴躁，经常喝酒，有的时候会无缘无故打他，他非常害怕，但那时候小，没法反驳。

　　当咨询师让利维写出想法的反面：我从小被爱的。

　　利维回想起有一次父亲发了奖金，给他带回来盼望已久的乐高玩具。看到父亲慈祥地摸着自己的头，在那一刻，他感觉自己是被爱的。

不管什么想法，都能找到对应的事实作为例证。

那能单方面地说明"我不被爱"这个想法是对的吗？

不管它是不是对的，利维选择了这个想法，并一直增加支持这个想法的证据，从而构建一个自己从小不被爱的事实。

依此，可以逃避自己的责任，将事业失败、婚姻危机归咎于"我不被爱，我父亲脾气暴躁"。

等利维明白了自己潜意识的动力，学着寻找父亲对他好的证据，重新构建"我是被爱的"想法，对父亲的感觉改变了，从而和父亲达成了和解。

没有人可以是完美父母，这个世界上也不存在完美的父母。跟亲人和解，就是对自己的放过。

不同的想法，就会产生不同的情绪，创造不同的人生。

选择什么样的想法，全看自己。

根据吸引力法则，无论认为自己行还是不行，可爱还是不可爱，富有还是不富有，幸福还是不幸福，都是对的，这都是你的创造。

你的人生是你头脑中所有想法的现实体验。你要清楚自己的想法，选择自己的想法。

放下消极想法，才能给积极想法腾出空间。

选择困难症

新时代的一个重要标志，就是各种流行语和流行病的出现。说说学生们经常说的选择困难症。

为什么会出现选择困难症？核心原因是多个选择的出现，而每个选择都有足够的诱惑力，且其权重相似，以致无法做出选择，鱼和熊掌都想兼得。

听过那头饿死的驴子的故事吗？在打谷场的两头，各放了一堆干草，两堆干草一样多，一样美味，这头驴子就想先吃左边的吧，快走到左边，就想可能右边的更好，先吃右边的吧，等快到右边的时候，就想还是先吃左边的吧，于是在两堆干草间跑来跑去，左右为难，摇摆不定，最后终于因过于饥饿和劳累而死。

这是布里丹讲过的一则寓言，后来有人将其称为"布里丹效应"。

如果只有一堆干草，说不定驴子吃得美，活得好呢。

选择困难症产生的原因是现代人的选择太多了。

以前的时代，物质没有现在这么充裕，饭桌上能有两个菜，那就是美食；附近的学校只有一所，不需要选择；食堂只有一处，不用选择；学习的目标只有一个，不用犹疑。于是，避免了太多不必要的认知消耗，也少了很多选择的烦恼。

认知资源是有限的，分配给选择烦恼的资源多了，做其他事情的资源就减少了。就像手机内存，本来有足够大的运行内存，可是小程序太多，都来分享内存，最终会挤兑本来要应用的程序操作空间。

有个很好的应对选择困难症的方法，就是明确每个时间段要做什么。比如，去哪个食堂吃饭，最好是想好自己想吃什么，然后直接去这个窗口。

比较好的工具是计划本，把每天要做的事情详细列出来，就知道当下的时间该做什么，而不要给自己太多选择，也无需再消耗认知资源去思考该怎么选择。

人的工作记忆是有限的，因为要留出足够多的操作空间，所以，就没办法储存太多的信息，米勒在他的《神奇的 7±2：论短时记忆的容量》一文中说，人的短时记忆的容量最多是 9 个左右，再多就难以一次记住了。

用计划本把各种事件安排都写下来，相当于给大脑的工作记忆空间增加一个外挂，减少大脑的认知消耗，增加运行内存，还不容易遗漏事情，也不至于为下一个时间段做什么而烦恼。

所以，计划本是高效管理时间和事件的工具，同时也是治疗选择困难症的重要方法。

当然，这是针对一些生活中一些小的选择，如果面对人生中重要的选择，还是要经过深思熟虑，仔细分析各个选择的利弊得失，然后做出慎重的选择，以避免日后后悔。

知道百种应对方法，如果不去做，不如就知道一种，然后笃定践行，肯定会让自己的生活不一样。

选择快乐

听到越来越多的人说，怎么感觉越来越不快乐？怎样才能快乐？

答案是：一个决定，一个行动。

每个人都有快乐的权力，也有快乐的能力，快乐是符合内在本性的东西，只是时间久了，让众多压力把本来那颗活活泼泼的心蒙蔽了，快乐的能力下降了。

首先，做出一个决定，决心要快乐。

下定决心，每天做些让自己感到快乐的事，能体验到快乐，找到自己的快乐，与自己的内在感受联结。

其次，找到任何令自己不快乐的念头，揪出来，抛弃它。

决心快乐之后，保持对自己的觉知，看看自己存在哪些让自己不快乐的念头，找出来，抛弃它。

再次，转变自己的注意力，多看自己拥有的东西，不要看自己没有的东西。

不快乐的体验往往与自己总是注意那些缺少的、不足的、没有得到的东西有关。做出决定之后，学着转移自己的注意力，多看看自己拥有的东西，多关注自己的优点，不要看自己没有的东西。

从次，转变自己的语言，换成我可以，我能，我做得到。

反观自己的语言，有没有经常出现"我不敢""我不能""我不会"等负面的表达。如果有，那就努力改变自己的语言习惯，试着用"我能、我会、我可以"来替代。

最后，行动上的细小改变。

如果以前喜欢朝左走，现在可以尝试着朝右走；以前喜欢开车，可以尝试着骑自行车或步行一段路；以前总是吃固定的早餐，现在尝试换换花样；也可以换换衣服，换换发型，换一种心情。

先从做出一点点的改变开始，让改变慢慢发生。

每天早上起床后，照一照镜子，对自己说"我爱你"，拥抱自己，每天都坚持这么做，一整天都让自己保持这份好心情。

所有的人都追求快乐，逃避痛苦。人生短短几十载，有太多不如意，但是快乐这件事，却是自己说了算的，不管发生什么事，你都决定要快乐就好了。

没有人能从外面打开内心的那扇门，真正的改变不是来自外力的作用，而是来自自己的内心。当内心发生改变时，外在的行动才会发生改变。

你现在就在这里，活在当下。你抱持着什么观念，放下什么想法，以及朝着什么方向发展，都取决于你自己。要相信，你的内心拥有你需要的所有爱和力量，找到自己的快乐，为自己的快乐负责，寻找适合的方式表达自己，舒展自己，就能为生存的世界创造最根本和最有意义的价值。

不要让大象控制了你

有一次咨询中对一个来访的学生说，你需要不断控制自己的本我，不要让本能冲动控制了自己。他说，什么是本我？谁来控制本我？我到底有几个我？

人只有一个，自我当然也只有一个，自我本身是完整的。然而，为了理解和研究的方便，很多专家会分成几个我，比如：

1. 从大脑的进化来说

最先出现的大脑是本能脑，主宰着个体最原始的冲动和本能，是人类进化以来保存最久远的大脑，据说从爬行动物开始，就具有了本能脑，所以，也有人称其为爬行脑。本能脑能对外界刺激做出最迅速的反应，遇到危险时马上识别，要么战斗，要么逃跑，这些应对策略，使得原始的人类得以生存并将这个进化机制保存下来。

这就是本能我，弗洛伊德称其为本我。

到了哺乳动物时期，开始出现了喜怒哀乐等情绪，恐惧情绪能够帮助它们识别危险、规避危险；愉快情绪可以促进行为的持续进行。因此，大脑发展出了情绪脑的部分。

到了人类，大脑的前额叶不断发展，开始有了思想，知道什么事情该做，什么事情不该做，开始理智地处理所面对的情境，富有远见，善于权衡，能够冷静、客观地应对事物。这个理智脑，类似于弗洛伊德所说的自我。

2. 从心理学的人格结构来看

精神分析的鼻祖弗洛伊德（Sigmund Freud）最先提出三个我的理论。他认为在人格层面，有三个我的基本结构，分别是本我、自我和超我。

本我是最先发展的我，是孩子一出生就会出现的，由本能驱动的我。我们看到小孩子总是随心所欲，想干什么就干什么，想要什么就要什么，想哭就哭，想笑就笑，往往上一秒还大哭不止，下一秒就笑得前仰后合。孩子是最真诚透明的，因为他们只服从于本能冲动和欲望。所以，本我就是以本能脑主宰的我，遵循快乐原则。

等到孩子慢慢长大，开始出现自我，学习社会规范，遵循现实原则。他们逐渐明白，并不是想要什么就能马上得到什么，得学会等待；不是什么都按自己的心意进行，需要遵守规则。等到上学之后，更是要遵守学校规范，形成社会自我。因此，自我遵循现实原则做事，调整和规范着自己的本能冲动。

超我是最后出现的我，是内化了的道德良心，指导自我更好地以符合社会规范、伦理道德的方式行事。超我的出现，使得人类超越了动物的本能，能够过道德化的生活。

3. 象与骑象人

在乔纳森·海特（Jonathan Haidt）的《象与骑象人》一书中，把大脑中的本能脑和情绪脑比喻成大象，而理智脑比喻成骑象人。尽管骑象人非常想让大象按照自己的意愿行事，但是大象的力量太大了，经常快速做出反应，脱离骑象人的控制，所以冲动、情绪化是很多人的行事表现。

据说大脑中 860 亿个神经元细胞，有 80% 是被本能脑和情绪脑控制，所以，大象的力量有多大，可想而知。

人想改变自己，就需要不断地与本能做抗争，了解自己的大象，和大象和解，让大象能够听从骑象人的指挥，按照骑象人设定的方向前行。

4. 人能克己，方能成己

在我国的传统文化中，素有性本善的主张，孟子认为人天生有"恻隐之心，是仁之端；有是非之心，是智之端；有羞恶之心，是义之端；有辞让之心，是礼之端"。阳明心学认为人天生有良知，只要遵从良知的指引，没有不恰当的。

而这个良知是超我的内核，用来指导自我更好地实现自我价值，为社会做出应有的贡献。用良知指导我们做出正确选择，克制内心的私欲。

人只有能够克己，才能成己。克己就是超我克制本我的欲望和自我的情绪，使其能够符合理性的做事方式，才能更好地成就自己。

拖延的背后

你有拖延的习惯吗?

你是不是很想尽快完成一项任务,可是总是不着手去做?

你是不是在截止日期之前的效率是最高的?

没关系,大部分人都是这样的。曾有研究发现,75%的人认为自己有一定程度的拖延行为,有将近50%的人认为自己的时间不知不觉就不够用了,而在"占据日常生活时间最多的事情是什么?"这个问题中,70%的人的答案是"玩手机"。

乔纳森·海特(Jonathan Haidt)曾在其《象与骑象人》一书中,将人的感性比喻成大象,有硕大的块头、巨大的力气;而理性就像骑象人,很多时候骑象人能够驾驭大象,让它走在正确的方向上,但是,当大象看到自己喜欢的东西时,往往不听骑象人的吩咐,去享受自己喜欢的东西。

这头大象就像我们大脑中的本能,也有人称其为"本能脑",主管理性的部分称为"理性脑"。

本能脑这个"大象"有很大的力气,有强大自驱力,总是喜欢及时享乐。

为什么明知道该读书,该工作,却又拿起了手机?

大脑在思考和享乐两个选项之间,为什么那么容易被享乐所俘获?

因为享乐是本能,思考是反本能。享乐不需要耗费太多脑细胞,而思考却是消耗氧气的行为。而消耗氧气、耗费能量的事,在本能脑看来,就是对生存的潜在威胁。

本能脑的力量有多强大,如果不是因为外在的压力,很多人可能就会选择躺平。天天躺在沙发上玩手机多开心啊,一个个爆笑的短视频,产生很多的多巴胺,让大脑处于愉悦和兴奋状态,根本停不下来。

但当自己放下手机,发现怎么一个多小时没有了,本来要完成的工作没完成,懊悔不已。可是下次拿起手机,看到有意思的小视频,还是下意识地点开,接着重复上一轮的模式。

理智脑在大脑皮层，是最后发育的部分，是人重要的控制中心，但人的本能脑太强大，很多时候都会抢占上风，如果不增强自己的觉知力和意志力，很可能受本能脑控制，做及时享乐和趋易避难的事，拖延就很容易出现。

拖延只是一种习惯，因为不断强化，而形成一种惯性思维，并产生路径依赖。虽然改变起来比较困难，但我们了解到本能脑的喜好之后，就可以跟本能脑不断沟通，让它能够和理智脑精诚合作。

本能脑喜欢简单的、熟悉的事物。

所以，需要把复杂的变简单，把不熟悉的变熟悉。

大家都知道舒适区的概念，如果一下从舒适区进入到困难区，很多人都会退缩，会本能地回避，但是可以尝试在舒适区边缘试探，慢慢做一点超出舒适区的任务量，一点点增加，在伸展区做事，既避免在舒适区止步不前，也避免一下进入困难区的退缩拖延。

为什么明明知道，却做不到？

明明知道读书更好，却忍不住又拿出了手机；

明明知道运动有利于健康，但是却难早起；

明明知道这段感情已经结束，却迟迟无法走出。

……

我们告诉他该怎么做时，得到的回答总是：

我知道该怎么做，可就是做不到。

这是很多人困惑的问题，所谓的知易行难即是如此。

前文中介绍，从大脑的进化来看，分为本能脑、情绪脑和理智脑。本能脑和情绪脑占据着大脑80%的脑细胞，与大脑的联结更紧密，反应更迅速。就像下雨后流向的水渠，水优先流向短、宽敞的水渠，而要想让它流向长的、细的那条，需要有意识地引导。

本能脑和理智脑就像那几条短而宽敞的水渠，理智脑就像那条长而细的水渠。需要本能脑和情绪脑反应的刺激，时间短、反应快；需要理智脑进行反应的刺激，时间长、反应慢。从理智脑产生的想法，到身体执行想法之间会有一个延迟，就是这段延迟的时间，足够大脑决定是否抑制行动的发生，所以，先思而后行。

诺贝尔奖获得者卡尼曼曾提出过大脑系统中的两种加工方式，一种是快速的、直觉的、非逻辑的加工方式，他命名为系统1；另一种是慢速的、分析的、逻辑的加工方式，命名为系统2。

系统1是本能的直觉反应，非常迅速，不需要耗费太多的认知资源，主要是本能脑和情绪脑的反应方式，是以"大象"为主导的。

系统2要进行逻辑的分析与判断，反应比较慢，还消耗一定的认知资源，主要是理智脑的反应方式，是以"骑象人"为主导的。

因此，大脑为了遵循经济原则，更多地使用系统1进行反应。而系统2，只有在有意识使用的时候，才会启动。

所以，知道不一定能够做到。

知行合一是自古以来广受关注的话题。

如何能够知行合一？王阳明说："知和行本是一事。知而不行，只是未知。知为行之始，行为知之成。"如果没有去做，只是仅仅停留在知的层面，那肯定不是真的知道。

也就是说，拿起手机而不是书本的时候，其实并不是真的认为当下的时刻，读书更重要。遵循享乐、放松、愉快的体验，这是人的本能天性，是大脑内强大的"大象"进行的主宰。这个时候的知道只是"骑象人"层面的知道，而不是"大象"的层面。

很多时候，主宰自己行为的不是掌管理智脑的"骑象人"，而是掌管本能脑和情绪脑的"大象"。

"骑象人"需要和"大象"不断地沟通、商量；我们现在先读书，等休息的时候再看手机也可以；现在先跑步，等回来的时候再玩。只要给"大象"足够的好处，"大象"还是可以与"骑象人"合作的。

想都是问题，做才是答案。

真知，更要真行！

反天性成长

小陈同学总是最后一个交作业，有一次问起，他说明明知道该早点写作业，但是一打开小视频，就一个接一个地刷下去，一天过去了，到了不得不写作业的时候，才匆忙写完作业交上。自己也知道不好，可是下次还是忍不住先去做轻松愉快的事。

这可能是很多人的纠结。这种体验和挣扎，可以看作是理智脑在和本能脑妥协。也难怪，即使成年之后，本能脑还是占据优势地位，在人的意志力不强的时候，尤其是早晨醒来、晚上睡前、疲惫时，内在自我控制的能量缺乏时，理智脑的作业力就明显下降，人们更容易屈从于本能脑的即时满足。只是，等到暂时满足了本能脑的需求，理智回归后，又开始后悔、自责：怎么又浪费时间了？怎么又没有抵得住美食的诱惑了？怎么又没能迈出锻炼的脚步？

然后，第二天，又开始这样的循环。

其中重要的原因，是本能脑的强大、理智脑的弱小。

我们看看孩子时期的心理特点。

婴孩是受本能脑控制的状态，希望获得即时满足。一哭、一叫、一闹，就希望大人赶紧过来，马上满足他们的需要。

精神分析大师埃里克森（E. H. Erikson）认为，孩子在0—1岁时是形成基本信任的时期。如果父母能够满足孩子的即时要求，孩子有任何要求，都能及时出现在孩子身边，这样孩子觉得父母是值得信任的，等到成年之后，也能发展出对他人的信任品质。

可是，如果孩子在发出需求时，得不到及时满足，多次这样的情况出现，比如，哭得昏天黑地，也不见有人来给安慰他，给他吃的、喝的或者换换尿不湿，就会产生基本不信任感，这种不信任会发展出对自己的不信任，对他人的不信任，从而无法产生良好的信任品质。

有些父母会觉得，不能孩子一哭一闹就马上过去，要培养孩子的耐心，殊不知，这个时期的孩子大脑皮层还没发育，无法用理智脑进行思维，无法考虑到父母当下正在忙别的事，无法共情到父母也有自己焦头烂额和闹心的事，他只是根据自己的本能，需要得到满足就欢心，得不到满足就哭闹。

这个时期的孩子还有一种全能感的自恋，这种自恋也是发展自信的重要方面。作为婴孩的时候，他没有发展出自己的自我意识，觉得自己和世界万物为一体，自己和妈妈是一体的，自己想要什么都能得到，想做什么都能做到，尤其是自己一发出指令，妈妈就在跟前，妈妈能够做到自己想要的一切，所以也会觉得自己能做到一切，由此发展出全能感，认为自己无所不能。这种感觉其实是很宝贵的，父母不要打击孩子的这种全能感，因为随着时间的推移，孩子能够正确地分析现实，形成恰当的自我认知，这种全能感会发展出正常的自信心。当然，不正常全能感的延续也是未来自恋的源泉。

所以，如果这个时候培养孩子的耐心，反而会制造孩子的挫折感和无能感。

由此可见，缺乏耐心，是人类的天性，孩子从小都在追求即时满足。

而耐心的品质形成，是伴随着大脑的发育、理智脑的逐渐强健而慢慢增强的。从一点点的小事开始自我控制，训练自己的理智脑。

大脑的肌肉也像身体的肌肉一样，每次控制住一次自己的欲望，你的自我控制能力就增强了一次，逐渐地，就能将理智脑训练地强健而有力量。成长，就是反天性的努力。

自我接纳

心理健康的重要指标是和谐与适应。最重要的和谐是自我和谐，接纳自我，不管好的还是不好的，都是自己的一部分，都是独一无二的自我。等达成自我和谐之后，就能够继续完成其他的生命任务了。

生命转盘故事

哲学家萨特说，人类一直是一个说故事者，他总是活在自己与他人的故事中。

人生就是一个故事，我们天生是说故事者，我们每个人都有自己的生命故事，可是谁是故事的主人公，谁又是故事的作者？

玩个生命故事转盘的游戏：

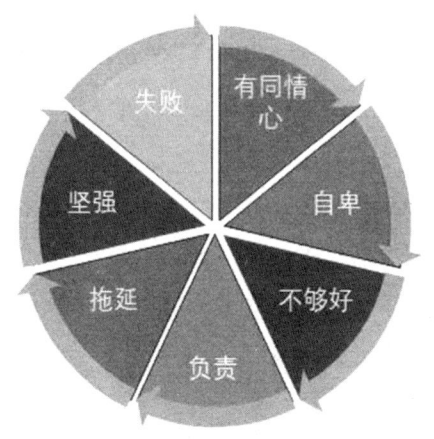

在故事转盘上有各种词语，游戏开始，可以先把眼睛闭起来，转动转盘，然后将食指放在故事转盘上，从最靠近食指的词语开始选择词语。

当选定了词语后，开始写你的生命故事："我是……"，写下一小段，然后再继续选择下一个词语，直到完成4—5个词语。

等都写完后，思考一下，这些故事写起来是否容易？故事是否熟悉？故事的可信度如何？下面是来访者小陈的故事：

小陈大学毕业后没有正式工作，情绪低落，苦恼，什么都不想干，睡不好，吃不好。

当选中了失败、坚强、不够好，有同情心四个词语后，写下了下面四段话：

失败：我是一个失败的人。

我真的很失败，我设定的目标都没有达成过。中考没考好，去了很差的一个学校；高中想努力一把，没想到高考成绩比平时成绩少了五十多分；在大学里，想着通过考研或考公改变命运，可是连续考了12次公务员考试都没通过，我注定是个失败的人。

坚强：我是一个坚强的人。

我坚强吗？有人这么说过我，说我都失败了那么多次了，还能坚持再考，是打不倒的小强。可是我不这样觉得，我只是不知道除了坚持，还能干什么？然而，坚强又有什么用，不管考多少次都考不上。

不够好：我是一个不够好的人。

我真的不够好。我没有办法长久维持一段关系，我总是不知道为什么女朋友就不满意了，然后分手；再遇到一个女朋友，还是无疾而终，我不知道怎么做才好。

有同情心：我是一个有同情心的人。

算是吧，我见不得别人痛苦。别人一哭，我就心软。

看吧，不管选中什么词，大脑中都会编造相应的故事。可是，这些故事都是真实可信的吗？

当你用"失败"这个词语编造自己的生命故事时，你会想起一系列失败的事件，从而验证了你对自己的认识，是的，你说的没错，你就是一个失败的人。

既然我们可以选择和编造自己的生命故事，为什么不选择积极的词语来书写自己的生命故事呢?

抑郁者每天都会花费大量的时间回放自己的消极自我故事,而这种不断地重复会加重自己的消极情绪体验,实现自我预言,从而越陷越深。

打破循环的方法,就是重述自己的生命故事。

每天选择三个积极的词语,编写自己的生命故事,寻找和识别自己的积极回忆,不断地锻炼大脑的积极神经回路,就会越来越多地体验到生活的美好和价值。

比如,积极、乐观、自信、热情、善良、诚信、美好、快乐、坚强、健康、轻松、豁达、杰出、优秀……

生命不在于你是谁,而是你认为你是谁。

接纳自我

接纳自我，是非常重要的人生课题。小时候，孩子的能量是投注在外的，很少关注到别人对自己的评价；从青春期开始，随着自我意识的迅速发展，少男少女们忽然特别在意别人对自己的看法，哪怕别人不经意的一句话，老师的一个严厉眼神，父母的一句批评，都能让孩子们烦恼半天，他们会在心里想："为什么他们这么说我？是我哪儿做得不够好？是我长得不好看？是我穿的衣服不得体？是我发型不好看？是我……"

各种自我批判和自我嫌弃让青春年少的孩子们陷入心理内耗，不断地在内心揣摩和纠结。

这个时期的少年们，正进入精神分析大师埃里克森所说的同一性形成的重要时期。

埃里克森提出了人生八阶段理论，其中非常重要的阶段是青春期，大致在 12—18 岁，这个时期的青少年要完成一项重要任务，就是"找自我"，也就是形成自我同一性。如果顺利度过了这一个时期，认同了自我的身体、心理、思想等，就可以顺利地发展学习、社交等技能；但是如果没有度过自我同一性危机，就可能产生体相障碍，不接受自己，不认可自己，甚至会嫌弃自己，想着如果我是某某该多好，我拥有某某的相貌和身材该多好。

心理访谈《从公主到丑小鸭》里的李佳，是典型的不接纳自我的例子。

李佳是大一学生，在男性的视角看来，长得还可以。但是她总觉得自己长得很丑，先后做了 6 次整容。整了鼻子，隆了下巴，割了双眼皮，做了去除咬肌手术，但是，她依然对自己不满意。她说，"每次照镜子，都跟丢了自己一样"。

李佳回忆起初二的时候，非常在意别人的看法，为了获得更多的喜欢和认可，就把一些时间和精力放在打扮上。有一次剪了个樱桃小丸子的头型，每天需要早起吹干，然后再去上学。可是老师不喜欢这样的学生，甚至有一次有个老师直接批评她，说她剪的头发，像个"小姐"。

就是这样的评价，成为李佳心中过不去的坎，总觉得自己不够好，不喜欢自己，想改变自己。在中学时没有条件，没有时间。到了大学，就开始改变自己的计划和行动，可是一次次的改变，不但没有让自己更喜欢自己，反而感觉"把自己丢了。"

《孝经》中说，"身体发肤，受之父母"。30 岁以前的长相是父母遗传有关的，等有一天看着镜子里的自己，想，"我就长这样了，能怎么办呢，这就是我啊。"其实就是接受了自己，不管是主动接受，还是被动接受，等接受了自我之后，就度过了自我同一性的危机，开始以后的任务。

青春，本来就是美的。个人的价值，不仅仅在体相上，更重要的还是内心的"美容"，内在美会更持久、更动人。

对青春期的孩子来说，接受自己、爱自己是非常重要的，要相信你就是一道独特的风景，人世间最美的烟火。

对青春期孩子的父母来说，多给予孩子正向反馈，让孩子通过父母这面"镜子"看到自己是可爱的，是值得爱的。

对老师们来说，尤其要注意青春期孩子们的敏感心理，谨言慎行，鼓励多于批评、打击，因为老师的评价对青春期孩子来说格外重要。

如何接纳自我

如何做到无条件自我接纳？

如果接纳了自己的全部，是不是就不会改变自己的不足了？

如果在接纳的基础上改变了自己，那还是全部的接纳吗？

接纳是有意识地采取开放、好奇、主动的态度，去面对自己的所有特质和体验，包括优点和缺点。

"纳"在古汉语中的意思是收入，放进来。如果把自我比喻成一个杯子，就是不管自我是什么样子，都接着，放入杯子里。

因为不管优点还是缺点，这都是你的，是属于你的一部分。

接纳自我的第一步，就是先把自己的缺点"纳"进来。

每个人都喜欢自己的优点，不喜欢自己的缺点，希望自己是完美的，没有缺点才好。最典型的表现就是，一旦有人指出某些缺点，就会愤怒、难过或沮丧。

不喜欢自己的缺点，可以改正，可是如果你不"纳"进来，怎么改？这个缺点已经被你排斥在杯子之外，你不乐意正视它、不接纳它，甚至与它抗拒，就不能去跟它沟通，更不能改变它。

第二步：清楚地问问自己，是否接受和认同这些缺点。

接纳不代表接受和认同，接纳自己的缺点，不代表止步不前，不想改变了。当然，如果一个人能完全接受自己的缺点和不足，认为我就这样了，能彻底躺平，躺得舒坦和自在，那也不失为一种人生境界。

问题就在于，想彻底躺平，却又纠结不甘心，而想改变，内心又缺乏力量，就在躺平和坐起之间仰卧起坐，辛苦得很。

所以，就需要问问自己的内心，是否坦然地接受这些缺点，是否想要改变。

第三步：接纳，然后改变。接纳是改变的基础。

月有阴晴圆缺，天有晴朗与风暴，世间无完美的事物，也没有完美的人。

当意识到自己的不足之后，接纳自己的不足，承认自己的不完美，然后再一点点趋向理想，自我发展、转变。

有些能够改变的，比如，拖延、懒惰、自卑、不自律，就去改变，

但有一些不能改变，比如，性别（除非变性手术）、年龄、身高、肤色、出身等，那就接受，并且愉快地接受。

古代太极图中有阴阳两部分，并且很有意思的是，黑中有白，白中有黑，万物"负阴而抱阳""一阴一阳之谓道"，就是说阴阳相合的道理，阴阳是并存的，连太阳都有黑子，何况是人？

如果将人的优点比作白色，那么缺点就是黑色，每个人都是阴阳结合体，当只要白色，而排斥或抗拒黑色的时候，个人就不再完整，能量就会消耗在内耗上，而无法更好地投注到外在事物。

接纳自己的不足，改变能改变的，接受不能改变的，接纳自己也是普通人的事实，从而整合自己的内心，提升内心能量，从心出发。

在意你长相的，只有自己

美国有项著名的实验，非常有启示作用。

实验人员招募了一些女大学生志愿者做被试，我们都知道，女孩子会更爱美一些。他们聘用专业化妆师单独给每个房间的学生脸上画了一道丑陋的疤痕，然后让这些女大学生照照镜子，并承诺这只是化妆的效果，不会对皮肤产生任何影响，只需要看看周围人对这道疤痕的反应，实验结束之后，就立刻卸妆。尽管这些女大学生内心并不乐意，但已经签了协议，还是勉强同意实验的要求。

在她们走到门口要出去的时候，实验助手过来说，再用一些化妆品等给疤痕补补妆，让妆容更持久一些，补完之后，就不让再照镜子了。

实验很简单，只需要这些女大学生在一些人多的地方走一走，坐一坐，观察一下他人的反应就可以了。

研究的结果发现，除了一名女大学生之外，其他的被试者几乎都反映他人对自己存在鄙夷、轻视或不友好。

有的说，"看到两个人在窃窃私语，看我一眼，又开始有说有笑，肯定是说我。"

有的说，"刚开始有个男的坐在长椅上，看了我一眼，赶紧站起来走了。"

有的说，"看到有个人看了我一眼，露出惊讶的目光，赶紧走开了。"

可是事实上，这个研究最巧妙之处在于，就在这些女大学生快要离开实验室的时候，助手给她们脸上进行最后的化妆处理，并不是让疤痕妆容更持久，而是卸妆，并且卸得很干净，和她们进入这个房间之前一模一样。

为什么这些女大学生普遍反映，别人看待她们的目光和对待她们的方式都是鄙夷、轻视或不友好的？因为，她觉得自己脸上有疤痕，别人会这么对待她，然后将自己的想法投射到了别人身上。

认为别人会有什么样的看法，她们就感受到了别人的看法。其实这些看法并不来自他人，完全来自自己。

是自己对自己的看法造成了自己的困扰。

也就是说，如果自己觉得自己是美好的、快乐的、受欢迎的，看到他人的目光也是喜欢的、快乐的和友好的。

如果自己觉得自己不够好、不聪明、不可爱、不漂亮，也会觉得别人这样看待自己。

这就是投射的自我，我们看到别人眼中的自己，其实是自己在他人眼中的倒影。

明白了这个道理，我们就知道，在意我们长相的其实只有我们自己。没有人会比你自己更在意你、更关心你。

担心别人怎么看自己，不喜欢自己，不认可自己，拒绝自己，嘲笑自己，轻视自己等，很多时候都是自己的投射，而这些无证据的心理内耗，就很容易降低对自我的评价，使得自己妄自菲薄，胆小自卑，不能勇敢地去追求自己真正热爱的事物。

所以，阻碍自己的，还是自己对自己的看法。

当自己改变了，世界就改变了。

你被嘲笑了，不是你的错

有一只叫大黑的熊，曾经做出过百炼蜂蜜，但是有一次它去采蜂蜜的时候，不小心被蜜蜂蜇了，旁边就有人嘲笑他，你看你这大黑熊，这么笨手笨脚的，连这点事都做不好。大黑感到很羞愧，再也不去采蜂蜜了，也再也不吃蜂蜜了。

小青本来想去大黑那里讨点百炼蜂蜜，没想到大黑早就不采蜂蜜，等知道缘由后，开始给大黑做"心理咨询"。

被嘲笑不是你的错，是嘲笑人的错，因为他是一个没有素质的人。没有人可以一辈子不犯错，如果说他是一个有素质的人，他就不会嘲笑你，反而会来帮助你、教导你，告诉你哪里做得不好，可以怎么去改正。

再好好想想，以前你做出的百炼蜂蜜，闻名乡里，怎么能说笨手笨脚呢？真正笨手笨脚的人，怎么能够采到蜂蜜，而不会弄坏蜂巢呢？

所以被嘲笑不是你的错，是嘲笑人的错。

大黑听完，忽然释然，乐呵呵地去采蜂蜜，给小青做百炼蜂蜜去了。

虽然这只是个童话故事，但能反映出很多人的现实。我曾经接待过的来访者中，有因为穿的衣服被嘲笑而和别人大打出手的，有因为剪的发型被说而不去上学的，有因为某道题没回答出来被嘲笑而不写作业的，这些案例都是因为他人可能并不经意的评论或嘲笑而放弃自己选择的人。

尤其是低自尊的人，对他人的嘲笑格外敏感。

低自尊的人更容易内化他人的评价，听到别人可能仅仅是开玩笑的话，就信以为真，加重对自我的贬低和不喜欢。所以，对他人的嘲笑格外敏感，其核心是无法很好地自我接纳。

当然，自尊心太强也容易对他人的嘲笑产生愤怒、不满甚至攻击性反应，这是因为他无法接受别人与他的自我评价不一致的认识和看法，核心也是自我接纳问题。

如何拥有恰如其分的自尊，更好地应对他人的嘲笑？

第一步：接纳自己。不管是好的还是不好的，都是自己的特性，能改正的就努力改正，不能改正的就接纳，还要愉快地接纳，因为那是独一无二的自己。

第二步：接纳自己的失误。不管是学习一件事还是做一件事，很难做到100%正确，谁都会犯错，接受和原谅自己的错误，及时改正。人不贵于无过，而贵于能改过。

第三步：对他人的嘲笑，一笑而过，要知道被嘲笑不是你的错。

第四步：不断地提升自己，让自己日臻于完美，让那些嘲笑过你的人从此息音。

第五步：感谢那些嘲笑过你的人，是他们让你知道你还有很多不足，还有很多敏感的地方，还没有很好地构建出恰如其分的自尊体系，还有很多的进步空间。从而将那些不愉快的体验转化为向上、向前的动力，努力滚动理想的车轮驶向理想的彼岸。

为什么总是感觉不够好?

来咨询的人,总是会说一些自己的缺点,比如:

我觉得自己太笨了,连这么简单的骗局都没看出来;

我觉得没有人喜欢我,我真的太不会说话了,情商极低;

我长得不够帅,也太矮了,所以没有朋友;

我太懒了,明明知道该早起,可就是起不来;

我太爱拖延了,不到最后期限,很难产生动力和工作效率……

不管是不够帅、太矮了、不会说话,还是太懒惰了、太拖延了、太笨了等,

核心只有一个:不够好。

为什么我们总是感觉不够好,是因为缺乏自我肯定。而这种信念从哪里来的呢?

做个练习:

拿出一张大白纸,列出所有父母说过的你的错误和缺点,你听到是什么负面消息?给自己充足的时间,通常是半小时以上,尽量回想所有他们数落你的话。

他们说过的你的错误,哪些和金钱有关?哪些和你的身体有关?哪些与爱和人际关系有关?哪些与你的创造天赋有关?

如果你做完了,就看着这张单子对自己说:"这就是那些思想的来源。"

当你看到这张童年消极观念清单,你认为的自己的缺点,有哪些与这些观念相符?是不是大部分都一样?

我们的人生剧本是根据早年观念写成的,我们顺从地接受了他们的话,并把他们的话当成了"真理"。

如果认清了自己"不够好"的根源,就明白你已经长大,可以重新塑造自己的观念,书写自己的人生。

如果一个观念陈旧了,不再符合现在的实际了,就应该扔掉它,并不是

一定要信奉小时候的观念，因为你在成长，时代在改变。

如果你有一个经常批评你的朋友，你愿意接近他吗？

可能你小时候经常被别人批评，感到特别悲哀。现在你已经长大了，你还希望延续这种悲哀，用同样的方式对待自己吗？

一些旧观念陈放在头脑中，形成精神垃圾，需要像打扫房间一样，经常清理一下，打扫一下，平静地把过时的、陈旧的东西扔掉，"时时勤拂拭，莫使惹尘埃"。

我们要战胜早年形成的限制性思维，克服消极性观念，也许这需要一个过程，不过不要紧，只要有了意识，慢慢行，就不怕千里路。

人的自体关系

传说在古希腊神话中，有个美少年，名字叫纳喀索斯。有一天他经过河边，看到了河里自己的倒影，非常喜欢，爱慕不已，不再理会其他女孩的追求，只喜欢水中的美少年。就这样日日坐在水边，爱慕着自己的倒影、难以自拔，终于有一天他赴水溺亡，死后化为水仙花。

弗洛伊德认为，爱恋自己达到痴迷的程度，也是一种病，称为自恋症（Narcissus，水仙花，自恋者）。

也就是说，自恋是一种病态的表现。

但海因兹·科胡特（Heinz Kohut）不这样认为，他觉得自恋本身是健康的和正常的，只有发展了自恋的能力，才能爱他人。后来，科胡特所提出的理论被称为自体心理学，成为较为有影响力的现代精神分析的一种。

自体其实就是一个人精神世界的核心，把自我当作客体，把爱的能量全部投注到自己身上，就是爱恋自己，即自恋。

其实如果把科胡特认为的"正常的自恋"，翻译成"自爱"，可能更合理些，因为一提到自恋这个词，很多人都会感觉带有负面色彩。

科胡特认为，孩子出生后和世界是一体的，想要什么只需要哭一哭或吆喝一声就能得到满足，所以，孩子会觉得自己非常厉害，无所不能，有一种"全能感"。这种全能感非常重要，是后期自信心形成的源泉，父母要注意保护孩子的全能感，配合孩子的全能演出，让其发展自体的足够能量。

科胡特还提到了一个镜像的概念，对孩子的自体形成非常重要。父母就像孩子的一面镜子，映照出孩子的样子，换句话说，孩子小的时候，是从父母眼中找自己，父母的评价影响或决定着孩子的自我。比如，孩子小的时候，非常喜欢问爸爸或妈妈："看，我做得怎么样？"他们希望得到父母的肯定："你真棒！"这样就让孩子形成自己是有能力的、很棒的、有价值的自我概念。

如果孩子从小较少地从父母那里得到正性反馈，经常听到父母的批判，比如，怎么这点小事都做不好？怎么这么笨？有脑子吗？猪脑子吗？孩子就会内化父母的评价，认为自己是笨的、无能的，甚至是无价值的。

父母积极正向的反馈，能够让孩子发展正常和健康的自尊体系，形成自我价值感和抱负。但是，父母消极负面的反馈，会对孩子的自恋系统形成打击，造成两个极端，要么认为自己是无能力的、无价值的，形成自卑感；要么过度夸大自己的形象，过于关注自我，形成夸大的自体，发展成自恋型人格，以掩饰内在的挫败与不足。

由此可见，科胡特提出的自体心理学提醒我们，孩子最初的自恋是正常的，需要有一个自恋的过程。成人需要保护孩子的全能感，以使其发展为自信心和健康的自尊。如果父母没有给孩子足够的支持和回应，容易导致孩子产生负面体验，无法形成健康的心理结构。人们只有学会了爱自己，才能扩展为爱他人。

不能让别人定义你

不能让别人定义你，任何人都不行，包括父母、老师或其他重要他人。

我曾经在心理咨询中接待过一个女生，她一直相信爷爷给她的定义，说她是坏孩子。因为父母很忙，她从小在爷爷奶奶家长大。有一天，她跟小朋友学了几句骂人的话，回去后爷爷狠狠地骂了她，并说她是坏孩子。直到成年，她还一直觉得自己很"渣"，对自己都是负面评价，没有什么朋友，内心苦闷不已。

以前进行青少年犯罪访谈的时候，有的孩子说，从小妈妈就说他是"猪脑子，笨死了，活着干嘛，还不如死了算了，真丢人，是人就比你强，早晚得进监狱"等，而这些话不幸都言中了。

孩子小的时候，不能分辨大人语言表达背后的真实意图，会将这些话信以为真，从而内化到自己的认知或信念系统，并成为自己的潜意识，时时影响着自己的思想和行为。

小的时候，老妈就经常说我又丑又笨，我也一直这样认为，所以学习非常努力刻苦，因为靠不了颜值和智商，只能靠自己的努力。直到大学学了心理学，才回去跟老妈对峙，为什么总是这样说我？

老妈的解释是，哪有自己的母亲夸自己的孩子的？还搬出姥姥的教育经，说我的姥姥从来没夸过她们姐妹四个，尽管她们四个都长得不错。

在社会学里面有个著名的理论，叫标签理论（Labeling theory），是社会学家莱默特（Edwin M. lement）和贝克尔（Howard Becker）提出的。标签理论认为，当个体被贴上某个标签的时候，更容易表现出标签所呈现的行为。青少年的心理都是变化的、流动的，行为不是一生不变的。谁都会有做错事情的时候，如果某个孩子一次或几次做错了事情，就被认定为坏孩子，这就容易给孩子贴上标签。一旦这个孩子认同了这个"坏孩子"的标签，就更易做出越轨行为。

相关专家指出，青少年问题行为的产生，并非单纯是某个年龄段的特殊生理或心理原因，也不仅仅是环境因素导致，而是在这个过程中，青少年通过社会互动，在社会关系中寻找自己的过程，也就是去发现自己是谁，属于哪个群体，有什么价值和意义，以便找到自己的位置的过程。由此可见，在青少年的成长过程中，外在的评价对他们寻找自己具有重要的意义，而标签就容易成为一把锋利的双刃剑。

美国心理学家之父威廉·詹姆斯（William James）曾经说过，人类内心真正的渴望就是被肯定。当一个孩子被贴上坏标签的时候，就是对他/她的批评和否定，容易使孩子信以为真，从而走向标签所设定的方向。当然，如果被贴上了好标签，也会起到积极的作用，比如，某个孩子被贴上"乖巧、懂事、听话"等的标签，也会增强自律性，朝着标签的方向走，他如果想做点出格的事，就会考虑到这与"好孩子"形象不符而有所顾忌。

人在群体中，难免会去评价别人，或者被他人评价。从小到大，我们也会接收到很多重要他人的评价，其实，别人的评价并不能真正影响你，真正影响你的，是你相信别人对你的评价，并且一直深信不疑。

不管是好的评价还是不好的评价，都要经过反思，不能"闻誉则喜，闻过则悲"，不能让别人定义，谁都不行。

不再追求他人认可

威廉·詹姆斯（William James）曾说，人类内心真正的渴望就是被肯定，获得认可是人类内心最深层的渴望。

欧文·雅隆（Irvin Yalom）在七十多岁高龄的时候，做了一个梦，梦见他在公园里坐旋转木马，好像还是小时候，在木马上开心地大声问："妈妈，你看我表现得怎么样？"

很多年了，雅隆在梦中的这一问，经常会回荡在我的脑海。

孩子们小的时候，经常会问："妈妈，你看我表现得怎么样？"我经常给孩子们竖大拇指并称赞，"你真棒！"

父母是孩子最早的镜子，她们从父母的评价中找自己。

如果父母给予积极的、正向的评价，他们也倾向于认为自己是积极的、乐观的，有价值的；

如果父母给予消极的、负面的评价，他们更倾向于认为自己不够好，不被喜欢，没有价值。

所以，父母的鼓励和正向表达是孩子自我建构过程中的第一粒扣子。

等上学后，孩子会经常期待教师的正性评价，尤其是孩子小的时候，老师的话像圣旨一样神圣，父母说的不算，老师说了才可以。于是孩子们从老师这面镜子里来找自己，老师的鼓励和表达成为孩子建构自我的第二粒扣子。

相关研究发现，学生们所体验到的童年创伤，不仅仅来自家庭，还有很大一部分来自教师，有些孩子会因为教师的一句话从此改变人生的轨道，有好的改变，也有不好的改变。

听说过一个关于十九层地狱的故事：

有个被打入十八层地狱的恶人，听到下面怎么还有人在说话，一打听才知道，原来被打入十九层地狱的是教师。恶人行恶，影响的可能是一个、几个或几十个，但是一名教师，如果品行不端，一届一届学生教下来，影响的可就是成千上万的人。相信各位老师们听到这个故事也会倒吸一口凉气，天底下最光辉的职业，需要天底下最纯净的担当。

等到孩子们逐渐长大，尤其是到青春期之后，对老师们的话也不再言听计从，甚至会觉得老师的话重复、琐碎、说教，更有不服和鄙夷者。这时候，同伴成为重要的影响对象，其重要作用不容忽视。有些孩子为了获得同伴的认可，甚至不惜做一些违反纪律，或者违背良心的事。他们又从同伴的评价中找自己，同伴的认可与接纳成为建构自我的第三粒扣子。

长大后，努力工作，在领导和同事们面前好好表现，以期获得领导的认可和同事们的好评。

在古希腊德尔菲神庙里的墓碑上有句话"认识你自己"，之所以成为千古名言，是因为认识自己真的很重要，也真的很难。

老子说，知人者智，自知者明。有自知之明要更重要。

人终其一生，不过就是不断认识自己、发展自己、完善自己的过程。

成为自己非常重要的一步，就是走出对他人认可的追求。

当一个人不再追求父母的认可，就走出了父母的眼光；不再追求老师的认可，就不再担心老师的评价；不再追求同伴的认可，就可以坚持自己的主张；不再追求领导的认可，就可以轻松做好自己的工作。

阿尔弗雷德·阿德勒（Alfred Adler）认为，根本没必要被别人认可，也不要去寻求别人的认可。如果一味追求别人的认可，在意别人的评价，那最终就会活在别人的人生里。

真正的自由，是拥有被讨厌的勇气，不再追求他人的认可。

学会赞美

高中是对我影响比较大的学习阶段，现在还能回想起几位老师对我的鼓励和赞美，数学老师是班主任，经常在批改作业本后写上一句鼓励的话；英语老师把我叫到办公室说我其实是很有潜力的；同学说我其实是很聪明的……

这些话都给了我很大的力量和鼓舞，也让我对自己有了更多的认识。

歌德说，如果以现在的表现鼓励他，不会使他进步；但是以他未来的潜力赞美他，就会使得他进步。

赞美，是发自内心的对于自身所支持的事物表示肯定的一种表达。恰如其分的赞美能使我们更好地与朋友、同学交往，从而增进朋友和同学之间的友情和友谊。

每个人的内心深处都渴望被看见，被肯定，被欣赏。赞美可以让对方看到更好的自己，或者看到连自己都没有看到的自己。

我并不擅长赞美，因为从小就几乎没怎么得到妈妈的赞美，总是给我指出各种不足，好像我永远都达不到她心目中的目标一样。

当我做了母亲，尤其是孩子上学之后，我的眼中也总是看到孩子的各种不足，一会说他不叠被子，屋子里乱糟糟，一会说他拖鞋乱放，作业找不着，……直到有一次儿子说，我永远都做不到你满意是吗？

作为母亲，我到底希望孩子做到怎样？

于是，我不断反思自己。

为人父母者，看到孩子做得不好，总想指出来，然后加以评价，或者批评。当孩子感受到批评时，会有抵触、不满、沮丧等情绪，哪还能有足够的能量反思自己，改正错误呢？

批评不能使人进步，而赞美能够使人进步。

我也要学会赞美。

看到别人好的地方，立马点赞，如实地表达肯定，也能给对方带来力量。

尤其是在咨询过程中，恰如其分的赞美，就会给到来访者很好的心理支持。

当然，前提是合理的、恰如其分的、如实的表达，才能让对方感受到真诚和肯定。

但为什么不能给出赞美呢？

可能是自己的习惯，不习惯于赞美别人；也可能是看不到别人做得好的地方，找不出赞美的点；还有可能是，无法逾越内心的嫉妒和不愉快，而不去赞美别人。

关于赞美，金惟纯先生在《人生只有一件事》中提出了三种境界：

第一种是执着于自己的个性或习气，看不到别人的优点，吝于赞美。

第二种是为了自己的好处，用赞美激励或操控别人，虽然暂时有效，但也有很多副作用。

第三种是突破自己的局限，能欣赏别人的优点，并能真心表达。

对生命有透彻了解，常能看到他人的优点和世间的美，并带着觉性给出恰如其分的赞美，为别人的生命带来滋润和启迪，这才是赞美的最高境界。

这样的赞美，不为满足自我，也不为满足对方的自我，而是给出灵魂当下最重要的养分。这样的赞美，能触动你生命中细微甚至尚未完全觉察的部分，给你温暖和支持的同时，让你立刻感受到自己仍有不足，仍需精进。给出这样赞美的人，就像能听到你内心微弱而模糊的声音，并把它清晰而坚定地说出来，让你知道自己很好，而且可以更好。

赞美可以帮助你回归生命的真相，感受到振奋而继续向前。

世界不缺少美，不缺少发现美的眼睛，但缺少感受美的心灵和表达美的意愿。

学会认错

"金无足赤，人无完人。""人非圣贤，孰能无过！"

人生中错误的选择时常发生，也可能产生让人后悔莫及的后果。如果在头脑中不断反刍，进行反事实思维，假如再回到过去，我一定做出不一样的选择，就会给人带来很多的内疚、自责、悔恨等消极情绪。

可是时间无法倒流，事情无法从头来过。

所谓的覆水难收就是这个道理。

牛奶洒了该怎么办？赶紧收拾干净，去买一袋新牛奶。

在那儿哀叹、自责、悔恨是无济于事的。

积极主动的人不会在那儿懊悔不已，因为错误已经发生了，无法挽回，那就承认错误，改正并从中汲取教训。这样才能不断进步。

如果错了还不承认，也不汲取教训，相当于错上加错，还会一错再错。学霸都非常重视错题本的应用，就是这个道理。如果不把错题改正，下次错的还是这个题或这类题，因为在自己的意识层面，并不觉得这是错误的，就不会有进步。

认错并改错，是能让人进步最大的方式。

认错，对很多人来说是不容易的。

因为有时候在人际关系中，总是执着于自己对，对方错，为什么要让我认错？比如，夫妻之间、亲子之间、朋友之间、客户之间等。每一个错误背后都有执念，执着于自己的认知和看法，不愿意接纳别人的指正，更不愿改进。而认错，就是放下执念，让执念消融，这样因为这种执念所产生的一系列问题，就都会得到解决。

就算是你对，可是你能百分百正确吗？如果不能百分百正确，只要有百分之一的错误，那就为那百分之一的错误道歉。

认错，是人生必修课。当你觉得不知道如何做，无路可走的时候，试试认错吧。

朋友给我讲了个真实案例。有对夫妻求助她，女儿马上要中考了，可就是不去上学，坚决不参加考试。他们怎么劝都不听，试了很多方法，找了很多人帮忙，最后都开始求神拜佛了，觉得姑娘好好的，成绩也不错，怎么就突然不上学了，还整天把自己关在房间了，不让爸妈进去。

朋友听了他们家的故事之后，就跟他们说，给孩子认个错吧。

父母刚听了觉得不可思议，无法接受，觉得自己所做的一切都是为了孩子好，错在哪里？但实在无计可施了，因为第二天就要开始考试了。在朋友地慢慢开导下，父母似乎也领悟到自己的很多做法伤了孩子的心。

于是，夫妻俩站在女儿的房门口，真诚地向女儿道歉，为了"以爱之名"做的那些看似对女儿好，但女儿并不觉得对自己好的事。

奇迹发生了，第二天女儿打开房门，去参加考试了。

能够看到自己的错误，并承认自己的错误，说明能把自己的执念放下，把心胸打开，让温煦的风吹进来。认错往往是解决很多问题的路径，被称为"救命仙丹"，而且绝无后遗症。

真正对我们影响最大的，并不是我们所犯的错误，而是对待错误的反应。所以发现错误，立刻认错，并加以改正，避免殃及未来。对任何错误的回应都会影响到下一个事件的发生。

袁了凡在逆天改命时说，"务要日日知非，日日改过；一日不知非，即一日安于自是；一日无过可改，即一日无步可进"。

往日种种，譬如昨日死；今日种种，譬如今日生。

每天都是新的一天，重整行装，收拾心情，从心出发。

学会倾听

人际沟通的关键原则是学会倾听。

人际交往大师戴尔·卡耐基（Dale Carnegie）曾分享过一次倾听经历。有一次，卡耐基去拜访一位植物学家，植物学家跟他大谈特谈种子的培养、植物的生长、花粉的传授等，一说就是一上午，卡耐基一直耐心地听着，很少插话。等到要走的时候，植物学家说：我敢肯定，你一定是最好的谈话高手。

其实卡耐基没怎么说话，怎么就成了谈话高手呢？

谈话不在于说多少，而能否善于倾听，反而是高效沟通的关键因素之一。

很多人都会觉得，倾听谁不会啊，不就是用耳朵听吗？其实这是对倾听的浅显理解。

真正的倾听，不仅仅用耳朵，还要用眼睛、嘴巴，更要用心去聆听。不仅仅要听，还要有一定回应，用一些点头、微笑等非语言信息，或者用"嗯、啊、昂"等简短的语言进行回应，并鼓励对方继续说下去。

每个人都渴望被尊重、被认可，这是人类天性。

当你表达出真正的倾听姿态时，对方会感到被尊重、被理解、被认可，会更多地表露自己，坦诚交流。你就能够更多地了解对方，从而做出恰如其分的回应。

但是在倾听时，很多人没有把理解对方放在首位，而是把自己的回应放在首位，总是想着自己怎么说和说什么，甚至急于表达自己，这样会让对方觉得不被理解。

在倾听中，常会出现的几种错误：

1. 急于下结论

当对方跟你说，"最近真的很烦，马上要考试了，可是……"，对方还没说完，你就说肯定是你觉得考试压力太大，适当放松一下就好了。但是对方其实还想接着说的是，学校安排了一个年底展示的活动，让他负责，他会在复习和活动准备中无从取舍和协调。也就是说，对方并不是单纯因为考试压力大的问题，而是无法平衡复习和准备活动的问题。如果不耐心倾听，急着下结论，就没有办法真正理解对方，更不能给对方合理的回应。

2. 轻视对方的问题

曾经有位咨询师分享了一个女大学生的故事。女生说话、笑很少露齿，只是很小地抿嘴，很多人都觉得她矫揉造作，她自己也很苦恼。我们都知道，开怀大笑是很愉悦的、很畅快的，但是她不敢大笑。咨询师问她为什么不开口笑。她回答说自己有颗牙不好。咨询师让她张口看看，哪颗牙不好？她用手指挑了一下嘴唇说："看，就里面的那颗牙。"咨询师说："如果你不说哪颗牙不好，就算在我面前坐上十年，我都看不出来。"

可是，就是这颗里面的牙，让这个女孩子很多年无法开怀大笑。别人觉得很小的事，对方可能觉得是很大的事，所以，倾听对方，是要能够站在对方的立场感受、体验，而不能随意下结论，更不能轻视对方的问题。

3. 干扰或转移对方的话题

当对方说最近工作压力很大，女朋友要跟我分手……你就说，是不是因为感情问题，导致工作压力更大？其实，可能是因为工作压力大，导致感情问题也有可能，如果不听对方话，只是从自身出发，就容易干扰对方的想法。

4. 做价值或道德判断

当我们倾听对方的表达时，容易代入自己的价值观或道德判断，用自己的价值观进行反应，这样容易引发对方的反感和不信任，认为你并不能真正理解他，还用自己的方式评判他，难以让对方敞开心扉。所以在倾听时秉持价值观中立的原则是很重要的。

倾听是人际交往中的重要技巧，上天给了我们一个嘴巴，两个耳朵，就是要先听、多听，然后再说话。

如果你觉得自己不善于表达，没有关系，学会倾听，能够用心倾听他人，也会成为受欢迎的人。

修不愿意

愿意是一个特别美的词，什么都难抵得过"我愿意"。愿意是指符合自己心愿而同意，表示心甘情愿，乐意接受或做某事。

生活中，总是会听到很多人说，我"不愿意"。

为什么不去上学？我不愿意；

为什么不去工作？我不愿意；

为什么不背英语？我不愿意；

为什么不做饭？我不愿意；

为什么不洗袜子？我不愿意

……

一句"不愿意"，好像能作为不去做什么的绝佳理由和借口。

不愿意，就可以不去做吗？

事件的发生和发展是按照我们的意愿来运行吗？

从小到大，我们都有很多美好的愿望，有的很小，只要买到心仪的文具盒就很美；有得很大，希望能得到他人的认可。所有的愿望，都需要有力量才能实现，这个力量就叫作愿力。

愿意去做事情，就能增强愿力。

比如，妈妈说，只要完成了寒假作业，就可以得到最新款的文具盒，这样就能使自己的愿望成真。但是，孩子说我就不愿意做作业，我也很想要文具盒。

这个"想要"就没有力量。

把不愿意变成愿意，就增强了愿力。

金惟纯先生分享了一件小时候的事。他跟母亲说，他长大后要做大事。母亲说，可以啊，那先把门口的一袋垃圾扔出去吧。他拒绝了，说做大事者不拘小节。母亲说，如果这一件小事都不愿意做，将来怎么能做大事呢？

做一件小事，也可以增强自己的愿力。

为什么不愿意？是因为我们内心的念头。我们总是执着于这些念头，不愿意放下小我的傲慢，于是慢慢成了执念，我们就成了困在念头里的人，被执念所束缚，而不得舒展。金惟纯先生说，每一个不愿意的背后，都有很深的习性；每一个习性背后，都是很强大的执着。在每个妄想、疲惫、烦躁的背后，都深藏着一个"不愿意"。

一位名医朋友一回家就把袜子乱丢。妻子抱怨了很多年，他就是不改。通过学习后，他明白要改善夫妻关系，先从小事做起吧，于是回家主动把袜子放进洗衣篓。没想到妻子非常感动，夫妻关系也日渐好转。这让医生朋友特别惊讶，他说我天天赚钱养家，给她丰厚的生活条件，她没有感动过，没想到这一件小事就让她感动。

为什么这一件小事被念叨了数十年都不改呢？是因为他背后的念头，他觉得一个大男人，事业有成，赚钱养家，回家乱扔个袜子怎么了？媳妇在家就应该洗衣做饭收拾家务，哪还有那么多怨气呢？

世界上的事没有小事，每一件事情都是自己的内心念头的反应。

每个人都有很多愿望，有的愿望很大，有的愿望很小，不管愿望的大小，想要实现是要有力量的，那就是愿力。把不愿意的事情转变成愿意的，那就增强愿力了。

小的时候，我们有很多的执着。执着于喜欢某种颜色，某款衣服，某种口味，某种类型的书籍，并且执着于对错和善恶。长大后，就会发现，很多的执着只是受限于当时的认知。等我们开始吃以前不喜欢的食物，接触以前不喜欢的类型的人，穿以前不喜欢的衣服的时候，认知容量就会增大，层次提升，就会有更多的包容性。

等你去尝试一些以前不喜欢的事情的时候，可能会有另一番惊喜。

我以前从不吃辣椒，现在喜欢上了酸菜鱼。

相信的力量（1）

想起关于九牛之女的故事。

从前有个部落，牛是尊贵和力量的象征，婚嫁要用牛作为聘礼。聘礼的厚重程度也用牛的数量来定，慢慢地形成了这一不成文的规定：最差的女子，只用一头牛作为聘礼就可以了，而最好的女子，需要用最大的数字——九头牛作为聘礼，以显示此女子的荣耀和尊贵。

有对兄弟发誓一定要找到值九头牛的女子为妻，于是就离开家结伴出去寻找。

他们经过一个村落的时候，遇到一位尚待字闺中的女孩，弟弟说此女子甚好，值九头牛。哥哥惊呼，此女子就是一普通女子，哪里能值九头牛啊？嘲笑弟弟眼光不行。但是弟弟坚持自己的想法，决定就选此女为妻，用九牛之礼求亲。哥哥看劝不动弟弟，就摇摇头继续往前走，寻找心中的九牛之女。

弟弟赶着九头牛浩浩荡荡地到了女孩家提亲。女孩父亲惊讶地说，我家姑娘就是一普通女子，也就值四五头牛，你把牛群再赶回去吧。

弟弟坚持说，女孩在自己心目中就是九牛之女。

父亲惊喜而又惶恐地收下聘礼，过几天将姑娘嫁了过去。

三年过去了，哥哥风尘仆仆地回到村子，在村头看到一温柔美丽的女子，心想在这个小村子怎么会有这么好的女子，这得值九头牛啊。

回去一问才知道，原来这就是当年和弟弟一起遇见的普通女子。

当初女子本也觉得自己就是一普通女子，最多值四五头牛，但是弟弟用九牛之礼迎娶，结婚之后一直以九牛之女待之，她自己也觉得无论如何也要用九牛之女的美德要求自己。久而久之，自己真的就成了九牛之女。

都说情人眼里出西施，如果丈夫眼里出西施，把妻子作为最美丽、善良、温柔的女子对待的话，妻子可能真的能变成丈夫眼中的西施。

当然，妻子也得深深地相信，自己就是丈夫眼中那最美好的存在。

别人怎么评价不重要，只要丈夫觉得自己是最好的，那就够了。

丈夫的做法在心理学上叫"期待效应"，也称为"皮格马利翁效应"，你觉得对方是什么样的人，时间久了对方就能成为这样的人。比如，弟弟一直坚信妻子就是九牛之女，最后妻子真的成了他人认为的九牛之女形象。

妻子的做法叫"自我实现效应"，自己认为自己是什么样的人，最后就能成为什么样的人，不断地进行自我实现的印证。

所以，对个人来讲，构建一个内在身份非常重要。当自己知道或希望自己是一个什么样的人的时候，行为举止、思想情感都会围绕着自己的身份进行选择和构建。

最重要的是，知道自己是一个什么样的人，或希望自己成为什么样的人。

相信的力量（2）

跟大家分享一个安徒生的童话，初次读来觉得很好笑，再次读来觉得故事里充满了智慧和力量，那份力量是绝对信任的力量。

在一个农庄里住着一对贫穷的老夫妻，他们什么都没有，却过得很快乐。冬天快到了，老太太发愁家里没什么吃的了。老头子就说可以把家里的老马卖掉，这样就可以得到很多吃的了。老太太说，那你去吧，你知道该怎么做。

一匹马，即使放在现在也是很值钱的。他们可以用马换高额的金币，这些金币足够筹备一个冬天的食物了。

于是，老头子就牵着马到集市去。

当老头子看到一头牛后，想到可以让老太太有牛奶喝了，就用马换了一头奶牛；

当看到一只羊的时候，想到羊冬天可以待在屋子里，还可以产羊毛，就用一头牛换了一只羊；

当看到一只鸡的时候，想到鸡可以下蛋，还可以孵小鸡，老太太早就想要只鸡了，于是用一只羊换了一只鸡；

当看到一个人抱着一袋坏苹果的时候，心想老太太还没见过那么多的果子呢，带回去她肯定高兴，就用一只鸡换了一袋坏苹果。

一匹马牵出去，最后带回来一包坏果子，这个买卖可真是不划算啊，想必每个老太太看到自己的老头子做了这样一笔超级不划算的买卖，都会大闹一场，大骂一通，或大打出手吧。

当老头子在茶馆歇息，跟别人说起自己的交换经过时，大家都觉得不可思议，有两个英国人甚至和他打赌说，回到家老太太肯定"打得他爬不起身"。老头子说不会的，老太太会给他一个吻，因为老太太对老头子有绝对的信任，她的口头禅是："老头子是不会错的。"

英国人说，如果老太太给他的真的是一个吻，那就给他们 100 个金币，接着英国人就跟着老头子回到他家里。

　　没想到老太太每听到老头子说的交换物都很开心，换了奶牛高兴地说，有牛奶喝了；换了羊说可以有毛衣穿了；换了鸡说可以有鸡蛋吃，还可以孵小鸡了；换了坏果子，老太太给了老头子一个吻，说太好了，今天想跟一个太太要一个果子，人家都不给，现在可以给她十个果子了。

　　老太太的做法惊呆了一起来的英国人，他没想到一无所有也可以很快乐，没想到老头子做了如此低价值的交换还能换来肯定，真是"了不起"，于是给了他们100个金币。

　　如果你家老头子用价值1000元的东西，换回来连10元都不值的东西，你还会让他舒舒服服地坐下吃饭吗？

　　也许你会说，不会有人这么傻，怎么会做出如此低价值的交换呢？在交换之前，怎么也得衡量一下双方的价值吧？

　　而老头子的思考角度是：老太太喜欢什么？他总是为老太太着想，想着老太太的喜好，换着老太太平时念叨着想要的东西，做着以老太太为主的选择。价值也不仅仅是用金钱来衡量的，有很多东西，金钱是无法买到的，比如信任和爱。

　　家是讲爱的地方，只有充分地信任和关怀，才能让家里充满爱。

选择相信

相不相信我们都具有无穷的力量？

我们内在都有个圆满的自性，只是没有很好的显现。佛说："人人皆是佛，只是因为无明、贪嗔痴等掩盖了佛性。"李白说："天生我材必有用。"

每个人来到这个世界上，天生是为了做点什么的。

可是，你能否相信自己的内在力量呢？

你要相信，你就是自己生活的主宰，是创造自己生活的大师。

无论认为自己行，还是不行，都是对的，因为这都是自己的创造。

心里想的画面会转变成现实，你今天的想法会塑造你的未来。

你会成为自己想成为的那个人。

选择相信。

泰戈尔说："有时候，不是因为看到了才相信，而是因为相信了才看到。"

高中时，班主任对我们说："我比你们多的只有一点，就是相信自己。我相信自己的英语很好，那就是很好。"所以，那时候我就相信我的英语很好，结果我的英语也很好。

成长的路上，有很多的相信，也有很多的怀疑。

相信的结果成真，怀疑的结果也成真。

吸引力法则是：相信自己能实现，自己就能够实现，如果产生怀疑，它会说，是你自己不相信、不坚持的。

曾经有位老师，对学生说的话全然相信。有同学故意说谎话跟他开玩笑，发现老师也会当真。从此，同学们都不敢再欺骗老师。

贾玲相信自己能减肥成功，用一年的时间拍个电影，告诉我们她做到了。

当自己不相信自己的时候，就不会做到。

想法有多坚定，力量就有多强大。自己做出改变，把焦点定位在自己想要的东西上，坚定地相信，并去实现。

冒险一次，放下担心、忧虑，全然地信任自己，放下纠结、不满、抱怨和任何精神内耗，相信自己内在的力量，相信自性本来的圆满。

你是谁？你要做什么？你要创造自己怎样的人生？

你是你生命的主宰。

没有人能过你的生活，没有人能为你创造你的故事。

去任何你想去的地方，做任何你想做的事，你应该快乐地生活。

努力成为最好的自己。

相信才会看见

大家聚在一起，免不了聊聊孩子。张姐家一对姐妹花，每天一起学习，一起玩耍，令人羡慕。说起来我们都很羡慕，双胞胎孩子可以相互陪伴，相互学习。张姐听到说，"别提了，老大爱学习，老二不爱学习。我让老大每天带着老二读书，有一天中午推门进去，看到两个孩子都睡着了，你看看，老二一拿书就爱打瞌睡，老大就是睡觉的时候，也会抱着书的"。

我们都笑了。因为张姐家的两个孩子性格不一样，老大好静，老二爱动，老大爱读书，学习成绩好，张姐更喜欢老大，看到两个孩子都抱着书睡觉，竟然有如此截然不同的评价。

这就是相信才会看见。看到什么，会受到内在的认知和信念的影响。

"看"虽然是眼睛这个感官收集到的信息，但怎么看、看什么、看到什么，却是信息传达到大脑之后做出的反应。这就是为什么虽然看到同样的现象，不同的人有不同的理解。

而一个人看到同样的事情，却有不同的解读，是因为内心有了分别，才能看到不一样的事件。

就像张姐，她相信老大爱读书，看到中午睡觉时会时抱着书，就认为老大"睡觉时还看书"，她在内心认为老二不爱读书，同样看到中午睡觉时抱着书，就得出了老二"一看书就睡觉"的论断。

著名的罗森塔尔效应，揭示了期望效应和自我实现的预言。

如果相信孩子表现得好，看到的都是孩子表现得好的方面，如果认为孩子不学无术，整天就知道玩，那么看到的都会是孩子玩的时候，孩子学的时候反而忽略掉，或者认为理所当然，从而"视而不见"，或者"先入为主"。

先有内在的信念，才能看见。

不是看见了才相信，而是相信才看见。

相信自己，相信孩子，相信相信的力量。

命运的选择

命运是否是自己掌控的？当你握起左拳，试想命运是否全部掌握在自己手中呢？荣格说："潜意识主宰人生的那部分，就被称为命运。"人是被命运主宰，还是能够主宰命运，进而改变命运？

命运是否可以改变

当人们面对不可改变的事实时，总是会感慨一句"这就是命运！"什么是命运呢？人的命运真的是天注定的吗？所谓命运，即宿命和运气，在命理学上来讲，实际上有两重含义，一是命，指先天所赋的本性；二是运，指人生各阶段的变化。命论终生，运在一时，在八字论命法中，所谓运就是指大运，大运是人生中以十年为一期限的各个阶段。八字的命局与运局，二者构成了八字理论的宏伟基石，展现了以时间为函数的人生曲线。

人活一世，确实不易，太多的挫折和不如意容易将人的精神打垮，最后感叹一声"这都是命"，从而默认了命运的安排。殊不知，如果自己一直积极进取，最终能够达到连自己都吃惊的成就，然而，这得需要练就强大的内心。

2019 年暑期档的一个动画电影《哪吒之魔童降世》正是切合了命运的主题，哪吒是魔珠降世，一出生就遭到了百姓的恐惧和厌弃，他也自带强大魔性。然而最后在灵珠转世的敖丙要水淹钱塘关的时候，他依然选择帮助百姓，挽救钱塘关，并发出"我命由我不由天"的豪语，最终赢得了百姓的爱戴。哪吒的命运并没有被自己的天性所束缚，而是选择了向善，这让我想到人的命运问题，命由天造，运由我定。通过自己的努力改变命运，也不是不可能的。

凡夫的命运可以被天数所困，但是大善和大恶的命运不会，自己的选择还是非常重要的。很多时候，积极和消极也在一念间，永远相信努力的力量，永远对未来满怀希望，努力，向前，就像高中时候骑车登上一个又一个山坡，只要用力蹬就行，不要停，不要想上的去还是上不去，蹬就行，只要蹬，肯定能上去。

我们是被抛到这个世界上的，我们的出生无从选择，但是，我们可以选择我们生活的方式，决定我们人生的故事。

人生的故事是由自己创造的，有些故事是幸福的，有些是悲惨的；有些故事是快乐的，有些是痛苦的；有些人生活在感恩中，有些人生活在仇恨中。

不管你的故事情调是怎样的，请相信，你既是故事的主人公，又是故事的作者，而一旦你领悟到你是故事的作者的时候，那么你的生活故事的写法就可以由你来创造，也就是说，你可以选择幸福的故事还是痛苦的故事。

想要改变自己，就改变自己故事的写法吧，记住了，你既是故事的主人公，也是故事的作者。

改变命运的女孩

有个小姑娘，家里特别穷。父母没有正当职业，还双双染上了吸毒的坏毛病，母亲精神分裂，被强制收容；父亲也进了收容所。上学对这个小姑娘来说是件奢侈的事情，因为经常为填饱肚子发愁。七八岁就经常流浪街头，吃垃圾桶旁边捡来的东西；常出入孤儿院，受尽别人的攻击和奚落。社会控制理论认为，家庭的纽带关系削弱，减少了对家庭的依恋后，容易造成犯罪问题，并且很多的青少年犯都觉得她贫穷，她家庭不好，她有童年创伤，所以，理所当然地让她人付出代价，让社会给她补偿。可是这个小姑娘，在内心中经常会浮现母亲陪伴她的一两个瞬间，比如，母亲陪她从坡上滑下来时的开心画面，而这些就足以撑起她内心的美好和对生活的向往。当她看到上学的那些孩子时，内心燃起了读书的意念，是的，命运对她来说真的太残忍了，可是自己就要对命运屈服吗？不，她是有选择的，她可以选择沉沦，也可以选择奋起。因此，15岁的时候，她安葬了并没有给她多少爱的母亲，然后用自己的执着和努力感动了高中校长，重回校园。

内心觉醒的孩子，有明确目标的孩子，就会迸发出旁人难以置信的潜力。她无时无刻不在读书，地铁上读，打工时读，旁人都睡了，在昏黄的灯光下读，努力的付出使得她只用两年就读完了四年的高中课程，并成功的申请到了奖学金，去了心仪的哈佛大学。

这是个真实的故事，后来改编成了电影——《风雨哈佛路》。

我经常会想起这个名叫丽兹（Liz）的女孩。一个在恶劣生活环境中的坚强灵魂，是什么样的力量使得她能出淤泥而不染？

1. 内心的感恩

丽兹母亲经常不在家，偶尔清醒的时候会向她表达自己的抱歉，没有给她一个很好的成长环境，也会带她出去逛街、玩乐。在她头脑中，很少抱怨、不满、仇恨，而是经常回忆起一两个温馨的瞬间，感恩于母亲的陪伴与爱。精神分析非常重视童年经历，认为成年后的很多问题都可以从童年经历中追溯某种创伤；而童年期的爱的感受也会成为以后遭遇挫折的缓冲，丛中教授将其称为摔倒后的棉垫子，如果棉垫子够厚、够软，就能避免以后摔得很疼，也有助于更好地奋起。所以，父母不但要给孩子足够的棉垫子，也要让孩子感受到棉垫子，内心的爱与感恩，是幸福人生的必要元素。

2. 内心的觉醒

想要达到自己的目的有多种途径，个体是可以有自己的选择的。面对困境，丽兹深感只有读书才能改变命运，这是一条符合社会规范，也是能够真正改变自己人生的正当选择。可是，很多像丽兹这样深陷命运的泥潭，可能还不如她悲惨的人，却会选择违背社会道德甚至法律的事，那也是一种选择，但却是又将自己推向无底深渊的选择。

3. 内心的坚持

选择之后的坚持是很多人做不到的，这需要很大的恒心和毅力。当丽兹决定去读书的时候，就努力寻找读书的途径，自己找学校，去收容所找到父亲作为大人签字，并用自己的决心和真诚打动了校长，她说："我知道我很聪明，我会成功的，但是我需要一个机会，让我从糟糕的环境里爬出来，我知道，外面的世界是一个更好的世界，我要住在那里。"当一个人决定从糟糕的环境里爬出来，她一定能找到或创造出那个机会，我始终是如此坚信的，除非他不想改变，或者是无法坚持自己的选择、坚定自己的信念。

4. 不懈的努力

当丽兹终于获得读书的机会的时候，她倍加珍惜，把一切能用来读书的机会都用上了。那坚定的眼神，不畏惧的目光，不怕困难的坚持和努力，使她用两年的时间完成了高中课程。在参观哈佛大学时，老师说，这儿读书的也都是普通人，谁都可以通过努力获得通行证。她用自己的努力，终于踏入了哈佛大学。

每个人都有自己的出身，不同的出身就像命运影响或者决定着个体的人生。然而，人生就是天注定吗？一半天注定，一半靠人为，能否冲破幼年时的人生脚本，重写自己的人生故事，就看自身能否选择另一条更阳光明媚的道路了。

　　人生的叙事，生活的故事，故事里的人生，其实就是命运的行走。

与命运和解

从前，在一个遥远的国度，国王有七个女儿，她们整天无忧无虑地生活着，可有一年，敌国向她们的国家进攻，国王失去了军队，最后国王也成了俘虏。王后和七个女儿逃到了异国，躲在偏僻的森林里。她们已经没有了柔软的垫子和缎子被，只有光光的木板，上面铺上一层薄薄的干草，她们没有了金银碗盏，只有一只陶罐和八只木头汤匙。陶罐里有时是蘑菇、稀粥，有时什么也没有。

一天晚上，一个年纪很大的老太婆手里拿着篮子走过来，问坐在门槛上的王后目前的境况，并透露说他们这种悲惨的命运都是由某一个公主造成的，她的命运特别恶劣，只要把她赶走，就会生活无忧了。王后按照老太婆的指示找那个睡觉双手放在胸前的女儿，发现是最小的公主，非常难过，并不舍得赶走小公主。善良的小公主听到王后的哭诉后，偷偷地收拾东西离开了。孤单无依而又勇敢的小公主走在漫无边际的黑夜中，天亮后看到了一栋房子，是三个纺织女工在织布。她就到了纺织女工的房子里，帮忙做事，可是她的命运把织工们辛苦织好的金布银布都给破坏了，织工们愤怒地把她赶出去。小公主继续流浪，好心的酿酒师收留她在酒窖住一晚，没想到她的命运又搞破坏，把所有的酒都打碎了。难过的小公主悲伤极了，路过洗衣房，帮助洗衣工洗补衣服。小公主说她的不幸的命运一直跟着她，无论她走到哪里，不幸的事情就会在那里发生。洗衣工佛伦契斯卡知道她的遭遇后，跟她说："命运，当然很重要，可是人不是那可以被风随意吹动的风向标，人可以顶着风转，可以使凶恶的命运变得善良。"在佛伦契斯卡的指引下，她找到了自己的命运，原来是一个邋遢的、凶恶的老太婆，难怪她总是给小公主带来厄运。小公主凭借自己的善良和勇敢，一点点靠近老太婆，慢慢打动她，后来带她到河边洗澡，梳洗后换上新衣服，并喷上了玫瑰油，打扮后的老太婆，看起来像是一个温和的老太婆了。

从此，小公主的命运就改变了，并且好运也开始降临了，与邻国的王子相遇相爱，过上了幸福的生活。

　　童话里的世界都是美好的，但是现实中，当我们遇到不幸、不顺和失败的时候，就任由命运摆布吗？小公主的命运是极度丑陋、凶恶的老太婆，可即使这样，小公主还是努力的和自己的命运和解，梳洗打扮自己的命运，改变自己的命运，也正是这样，她的命运变得善良、温和了。亲爱的朋友，如果你也遭遇了凶恶的命运，放下咒骂、埋怨、不满和自哀自怜，尝试着照顾关心一下自己的命运，给他美味，帮他梳洗，换上新衣新帽，他的状态改变了，你的命运就改变了，好运就会伴随着你。

自我实现的人生

美国心理学家亚伯拉罕·马斯洛（Abraham Maslow）提出了需要层次理论，最上面一层的需要是自我实现的需要。自我实现是指充分实现自我的潜能，做最好的自己。这是需要层次理论的最高层级，也是很多人的梦想。

做自己，做自己喜欢的事情，充分发挥自己的潜能，有很多的障碍。印度著名电影《三傻大闹宝莱坞》中的三个男主角，各自呈现了不同的生命状态。

法尔汉出生后一分钟，父亲就定性其将来会成为工程师，并且也是按照这个期望去培养自己的儿子。法尔汉尽管明确地知道自己喜欢的是动物摄影，但只能遵照父母的期望考进帝国理工大学，为成为一名工程师而努力。

拉杜出生于贫困的家庭，肩负着全家人的希望，虽然考上了帝国理工大学，但背负着沉重的心理负担，有着太多的担忧和焦虑，无法好好的聚焦于当下的生活，很显然也无法在考试中取得好成绩。

呈鲜明对比的是他们的好朋友、好兄弟、舍友——兰彻，他热爱读书，热爱机械并为自己的热爱投入全部的热情和聪明才智，不为了成绩，不需要一纸文凭，只需要朝着自己的梦想和兴趣努力，充分发挥自身的潜能，不断地实现自我。最后的结果也是如此，他成了拥有400多项发明的著名科学家。追求卓越，成功会自然来敲门。这种人生就是自我实现的典型代表。

自我实现的人生是怎样的呢？

1. 知道自己的志趣所在，并为此而付出所有的时间和精力。

喜欢机械，就为此付出所有，见到机械就拆开了探索一番，并且能够活学活用，初二的物理知识学到的生理盐水能够导电，就能够用到对付学长随意撒尿上。

2. 不沉溺过往，不焦虑未来，只是真实地活着当下。

兰彻的出身并不好，是大户人家园丁的儿子，但从来不会为自己的卑微出身而感到自卑。毕业后他要把学位证书交给真正的兰彻，而自己要消失在大众的视野。他没有表现出对未来的焦虑，而是充分的利用现有的教学资源发展自己的兴趣和专长。学到知识和技能这才是自己最大的财富。

3. 不迷信权威，有着独立思考的特质。

在开学第一天，校长训话说人生就像比赛，优秀的学生可以赢得太空笔。当其他人还沉浸在对太空笔这一伟大成果进行赞叹时，兰车提出怎么不用铅笔的疑问。另外在课堂上，他对"机械"专业术语的定义也让老师大为恼火。挑战权威，独立思考并相信自己是他的重要特质。

4. 灵活应变，不拘泥于事物的常见用途。

汽车的充电器可以用来组合成发电装置，吸尘器可以用来做胎儿的助产器，可能这是很多人做梦都想不到的，但是他就能够做各种创新，这就是为什么他能够拥有400多项发明专利的原因了。

5. 真诚友善、聪明理性。

他真诚地对待两个朋友。当两个朋友因为学业落后陷入沮丧，甚至是困境时，兰彻总是鼓励和帮助他们，让他们重拾信心和勇气，用自己的聪明才智帮助朋友渡过难关。

6. 不为感情而冲动。

当皮娅去宿舍找他的时候，他知道自己是冒名读大学，和皮娅难成连理，所以很理性地告诉皮娅他俩成不了。

认识自我，勇敢地做自己，追寻内心的声音，发挥自己的优势潜能，"天生我才必有用"，上天都会赋予每个人至少一种才能，让他一生中至少能做好一件事。所以，找到你的天赋潜能，努力地开发和应用你的潜能，不断追求卓越，成功自然会追着你跑。当然，人的心经常是脆弱、焦虑和恐惧的，经常拍拍自己的心，安慰它说"All is Well"，一切都好！

菩萨求己

从前有个人要过河，但是一连几天的大雨，河水暴涨，没法过河，他非常着急。在河岸边有一座观音庙，他就进去跪拜，求观音菩萨帮忙，让他能渡过河。在观音像前也跪着一个女士，一脸虔诚地在求观音菩萨相助。这人看了一眼，感觉有点熟悉，再仔细一看，怎么跟观音长得一模一样。就开口询问说，"你跟上面的观音长得真像"，女士说，"我就是观音"，这人就更疑惑了，说"既然你就是观音，为什么你还来求观音呢？"

女士说，"求人不如求己，我就是来求自己"。

心理咨询中的一个重要原则是助人自助，意思是咨询师不能给来访的人提供问题的答案，需要因势启发，随机引导，帮助来访者去找到自己的问题解决之道。

美国人本主义心理学家卡尔·罗杰斯（Carl Rogers）提出，要以来访者为中心，心理咨询师不能走到来访者的前面，要跟随着来访者，通过言语的引导，共情回应，无条件积极接纳和真诚透明的态度，帮助来访者更好地了解自己的感受与体验，触摸到不被自己接纳的那部分自我，把它纳进来，更好地了解自己，接受自己，从而做出调整和改变。

罗杰斯从来没有告诉别人该怎么做，但是在谈话的过程当中，来访者就知道了，接下来要走的方向，所以问题的答案都只在自己的心中。

后现代的疗法中的叙事治疗、焦点解决短期治疗等，也都主张自己是问题的专家。每个人的问题只是一种社会的建构，是通过故事讲述的方式形成的问题，想要改变问题就换一个故事的讲法。如果自己能够领略到自己既是故事的主人公又是故事的作者，就可以重写生命的故事。

西方的心理治疗思路与东方的智慧不谋而合，《易经》中说"天行健，君子以自强不息"，就是指人不能够被动地依靠外在力量，君子当自强，需要自己努力、奋发、改变，才能够实现自己的理想与志向；

《论语·卫灵公》中有一句，"君子求诸己，小人求诸人。"是说君子遇事，需要内求。《孟子·离娄上》中的"行有不得，反求诸己"，也是同样的意思。

　　佛说人人内心都是佛，需要光明自己内心的佛性，才能见性成佛。每个人都能够找到自己问题的答案，需要不断光明自己的内心，才能物来则照。不断外求的结果，使自己与自己内心的真实体验与感受越行越远，反而越来越忙碌，焦虑。所以阳明先生说"人人自有定盘针，万化根源总在心，却笑从头颠倒见，枝枝叶叶外头寻"。

　　要相信自己，不断了解自己，改变自己，自己的终极拯救者，也不过是自己而已。每个人都是自己的活菩萨，个个心中有仲尼。

改命之法

人的命运是否能够改变？如果想要改变自己的命运，怎么做？

《了凡四训》中，袁了凡用自己亲身经历告诉孩子们，"命自我立，福自己求"。普通人是有命数的，但对于极善或极恶之人，命运之数也约束不住。如果想要改变自己的命运，也是有方法可循的。

先看袁了凡是怎么改变命运的。

袁了凡原名袁黄，字学海。他小时候家里贫困，母亲让他学医，内可立身，外可济世。在他上山采药时，偶遇孔先生。孔先生说他是仕途中人，明年就可进学，为何在山中采药？袁黄赶紧请孔先生回家，母亲好生招待，接着孔先生又将袁黄的一生运势算了算，说他县考童生，第14名；府考，第71名；提学考，第9名。又说某年考第几名，某年当补廪，某年当贡，贡后某年，当选大尹，在任三年半，即宜告归，活到53岁，没有子嗣。

当一个人的一生都被算定的时候，是一种什么感觉？

人都渴望着确定感，可是一生都很确定的时候，是否就很幸福呢？

这个孔先生真的很会算，袁黄的每次考试所得的名次，都与他算的名次吻合，只有一次算的俸禄不吻合，正疑惑时，过几天朝廷看他的五篇奏议，又给他补上了，正好是九十一石五斗，这时袁黄就完全相信孔先生所有的推算，相信"进退有命，迟速有时，澹然无求"了。

于是，袁黄同志就躺平了，"留京一年，终日静坐，不阅文字"。

本来人生是可以按照最初的剧本发展下去的，直到在栖霞山中访云谷会禅师。

他和禅师对坐一室，三日静坐，不起一丝妄念，说"荣辱生死，皆有定数，即要妄想，亦无可妄想"。

禅师告诉他，凡人是有一定的命数的，但是"极善之人，数固拘他不定；极恶之人，数固拘他不定""命由我作，福自己求""一切福田，不离寸心；从心而觅，感无不通"。

然后禅师问他应得科第否？应有子嗣否？他一一反思自己的行为方式和生活方式，说自己福薄，不应中科第，有子嗣。

禅师告诉他："积善之家，必有余庆"，要扩充德性，力行善事，多积阴德，必有福报。

袁黄相信禅师的话，在佛前忏悔自己所有的过错，并发誓要行善事三千条，以求登科。然后认真记录云谷禅师给他的功过格，改号了凡，开启逆天改命之路。

他真信，也真行，切切按照禅师所教心法去做，并认真记录功过格，第二年参加科举，孔先生算该第三名，他却突然考了第一名，于是知道自己的做法正在一步步将自己的运势改变。

最后他不但有两个儿子，还活到了 74 岁，寿命延长了 21 年。

他说他开始知道，祸福都是自己求得，要远思扬祖宗之德，近思盖父母之愆；上思报国之恩，下思造家之福；外思济人之急，内思闲己之邪。

务要日日知非，日日改过；一日不知非，即一日安于自是；一日无过可改，即一日无步可进。

如何改过

改变命运的途径之一，就是改正自己的过错。可是如何改过呢？了凡给出了清晰的改过思路。

每个人都不希望自己有过错，当别人提出我们的过错的时候，很多人都是不高兴的，尤其是当你自己觉得自己没有错的时候，更不乐意去接纳别人指出的错误。有时候自己认为某些方面做得不好，也不会下定决心去改。如果不下定决心改正错误的话，人们就总是会在同一个地方摔跤。

格奥尔格·黑格尔（Georg Hegel）曾经说过，如果一个人在一个地方摔倒一次，不知道改正，还会摔倒第 2 次，如果第 2 次不知道改正的话，还会摔倒第 3 次，第 4 次，一直到改正为止。所以自身有了错误或者有了缺点，那就是影响自己进步和发展的障碍，一定要先改正错误，然后才能够继续向前。

孔子曰，"君子勿惮改"。圣人都会有错误，过而能改善莫大焉。任何人都有犯错的时候，任何人都会有缺点，关键是要勇于改正，这是最重要的。

人不患无过，而贵能改过。

了凡说如果想要改过，首先要生发出三颗心：第一是发耻心。错了，要有羞耻感，要知道这样的错误是不该犯的，要赶紧改过。

第二要有畏惧心。要对天地保持敬畏之心，敬天爱物，不管是犯的小错误还是大错误，都要有内心畏惧之感，赶紧改过。

第三要有勇心。改过是需要勇气的，人总是有太多的惰性，在自己的舒适圈里是无法进步的，要有勇气对抗惰性，走出舒适圈，改变自己，奋起直追，发现错误当下即改。

改过有三个层次：第一是在事上改，第二是明白事情的道理在理上改，第三是在心上改。

仅仅是在事上改或者是在理上改，很可能没有办法更好地清洁自己的内心。就像禅宗讲的，百花丛中过，片叶不沾身。内心是洁净的，就不怕外在的错误。所以，最终的改错，还是要达到在心上改的层次。

为什么会出现错误？不管是小错误还是大错误，最重要的是自己的起心动念，内心有着太多的繁杂情绪。所以了凡说"过有千端，惟心所造，吾心不动，过安从生?"主要是因为对事情动心了，才会有错，比如说好色、好货、好名、好怒等过错。

既然是因为动心了，才会有过错，那么改正的最重要的方法就是不动心，保持正念，一心向善，正念向前，邪念自然不干。

"过由心造，亦由心改，如斩毒树，直断其根，奚必枝枝而伐，叶叶而摘哉?"所以一定要看到，如果一个人产生了过错，那都是因为自己内心生发而引起的，根本是在自己的起心动念，而真正的改错从根上就是从自己内心去改。

改变自己内心最好的办法是保持正念觉察，"才动即觉，觉之即无"。不要害怕有不好念头，只要保持对念头的觉知就好，只要一觉知它，就能够马上领悟，回归到正念中。所以《楞严经》中讲，"不怕念起，就怕觉迟"。

人生的选择

人生看似纷繁复杂，但仔细梳理一下，发现不过只有一件事，那就是修身。如果能够透过事物看到本质，明了事物的规律，就会发现"事有本末，物有终始"，就会做出明智的人生选择。

人生只有一件事

人生只有一件事，那就是修身。

《大学》中讲："致知在格物。物格而后知致，知致而后意诚，意诚而后心正，心正而后身修。身修而后家齐，家齐而后国治，国治而后天下平。"修身才能够齐家治国平天下，"无论天子还是庶人，壹是皆以修身为本"。

修身是核心。

如何修身？

《大学》中讲的修身路径是：

想修身，先正心；想正心，先诚意；想诚意，先致知；想致知，先格物。

格物需要在事上练，在心上磨。

所谓诚其意，就是勿自欺也，如恶恶臭，如好好色。见到好的就喜欢，见到不好的就厌恶，不欺本心，诚实的对待自己的念头。就是诚意的功夫。

中庸中对"诚"赋予很高的作用，做到"至诚"，则天下无有不胜者。

如何正心？身有所忿，有所恐惧，有所好乐，有所忧患，都不得其正。心不在，则视而不见，听而不闻，食而不知其味。

保持对当下的觉知，正心，正念，正行。

上高中时化学老师魏老师经常挂在嘴边的话是"磨刀不误砍柴工"。当锯子锋利了，砍柴的效率自然提升了，所以，砍柴之前磨刀的功夫是值得付出的。

修身对人生具有重要的作用，在工作、学习和生活中注重修身就是磨刀的功夫。尤其是心理咨询师等行业，所用的最大工具就是咨询师本人，需要将自己的这面镜子擦得明亮再明亮，才能帮助来访者映出自己的真实状态。

修身主要从四方面进行：

1. 身体方面。每天注重身体锻炼，每周进行5—6小时的有氧锻炼来保持身体健康、机能稳定；关注自己的身体，保持身体的觉察，有任何不舒服的地方，就把念头带过去关照他，爱护自己的身体，这是唯一陪伴自己走到终点的伙伴。

2. 心理方面。保持对自己内心体验的觉察，接纳自己，当情绪升起的时候，去反观自己，是哪些念，引发了这些情绪。接纳它们，随他们自来自去。情绪是帮助自己更好地发现自己的契机。

3. 精神方面。每天写反思日记，有错立马改正。正念冥想，为大脑注入充足的心理养分，来滋养自己的精神家园。

4. 社会情感方面。与家人、朋友，社会关系保持合理的链接，有稳定的社会支持系统和稳定的情感源泉。

别人的评价是别人的事

世界上只有三件事：老天的事，别人的事和自己的事。

老天什么时候刮风、下雨、下雪，那都是老天说了算的事，人力难以干预。

别人怎么说、怎么做，那是别人的事，自己说了不算。

唯一能说了算的事情，就是自己的事。

所以，说到最后其实人生只有一件事，那就是做好自己的事。

萨特说："他人是地狱"。曾经有个女孩，用这句名言归结周围的人际关系，陷入受害者思维，认为自己目前的处境都是他人造成的，别人不让她好好活。在他人的地狱中，那她怎么能活好呢？

如果说他人是地狱，那是因为自己把他人当成了地狱。

很多年前看《让子弹飞》的时候，有个场景印象特别深刻。

在一个小饭店里，有两个人在争执。甲说我吃了一碗米线，乙说你吃了两碗米线。甲说我真的吃了一碗米线，乙说你肯定吃了两碗。

争执不下时，甲说我打开肚子，证明给你看。然后当场用刀子打开肚子，嘴里说，看到了吗？真的是一碗米线！

乙说，都已经无法分辨了，我怎么知道是一碗米线？

当时非常的不理解，别人说甲吃了几碗，就说去吧，为什么非要用健康甚至生命的代价，去证明给别人看呢？

后来在咨询中，经常遇到因他人一言而废工、弃学的人，为什么因为别人的一句话就放弃对自己很重要的事情呢？那都是因为某某不让我好好干、好好学。

把责任推给别人似乎是容易的，但是几年过去了，可能某某的一句并不经意的话早已烟消云散，但是自己的学业、事业和前途都耽误了，甚至有些人还因为别人的话而产生社交恐惧、焦虑或抑郁。

别人说什么，那是别人的事情，我们能管得着吗？

以前经常听老人说："嘴长在别人身上，让别人说去吧。"

但丁说："走自己的路，让别人说去吧。"

每个人最关心的都是自己，即使偶尔成为别人的笑料或话题，也持续不了几天，毕竟没人像你关心自己那样关心你。

每个人内心深处都渴望被肯定。

但是，太过于在乎他人的评价，会陷入评价顾忌的牢笼，被他人的一言一语而牵动情绪，从而花费太多的时间精力去关注别人的事，甚至想干涉别人的事，徒增了太多的烦恼。

太过于在乎他人的评价，是自我中心的表现。因为希望别人都给予自己肯定和赞扬，不希望别人有什么批评、指摘。

太过于在乎他人的评价，是不自信的表现。自己不知道做的事对不对、合不合理、有没有价值和意义，需要通过他人的反馈来获取。别人说好，就欢呼雀跃；别人说不好，就垂头丧气，全然处于一种被荣辱毁誉所牵制的状态。

阳明先生说："君子不求天下之信己也，自信而已。""吾方求以自信之不暇，而暇求人之信己乎?"[1]

意思是，君子不追求让天下人都相信我，我自己相信自己而已。我自己相信自己都还来不及，哪有时间让别人来相信我。

如果人心是个空瓶子，就需要不断地用外在评价装满，非常重视外在的评价。

而真正自信的人，"不管人毁谤，不管人荣辱"[2]，只去做符合自己良知的事。

这不是盲目的个人主义，而是对自己全然的了解和信任。

要知道，真理往往掌握在少数人的手中。

别人的评价是别人的事，不要去在乎别人的想法。把别人当成地狱，那就是地狱；把别人当成伙伴，那就是伙伴。

做好自己的事，这才是每个人人生中最重要的事。

---

[1] （明）王阳明. 传习录［M］. 谢廷杰，辑刊，张靖杰，译注. 江苏：江苏凤凰文艺出版社，2016：192-197.

[2] （明）王阳明. 传习录［M］. 谢廷杰，辑刊，张靖杰，译注. 江苏：江苏凤凰文艺出版社，2016：242.

带着愿景生活

问问自己，在你的内心深处，你真正在意的是什么？

请跟着我进行下面的练习：

调整你的坐姿，尽量坐得舒服一些，深呼吸三次，让自己处于身心放松的状态。请想象一下，假如你的眼前放着一个水晶球，在这个水晶球里能看到自己的未来，你看到的自己是什么样子？在哪里？在做什么？

未来的自己就是自己的理想状态。

是自己的愿望、自己的梦想。

"愿"这个字很有意思，是原心、初心，就是最初的心思、想法。你还能回忆起儿时的梦想吗？曾经想象过长大后要做什么吗？

那个原心是非常宝贵的，能给我们带来生活的方向。

人跟人是不同的，每个人都有属于自己的人生道路。找到自己的方向，找到自己的节奏，带着愿景生活。

愿景是穷其一生要达到的目标和目的地。

可视化练习，将生活愿景可视化、具体化。

想象是人类大脑的特长，尽管太多的想象会使得内心戏过多，产生太多内耗，但是积极的想象会给我们带来未来生活的心理彩排。想象可以产生和物理结构类似的心理表象，并能够对心理表象进行操作，这就是心理旋转。

发挥想象力描绘你想要的生活愿景，培养带着意愿采取行动的能力，体验简单的快乐。

曾经有位成功人士说，他把他未来想要的东西都打印出来，贴在愿景板上，如未来想要住的房子、想要的车子、想买的东西、想完成的事业，然后把愿景板挂在书房的墙上，每天都看到愿景板，跟自己说一遍要达成的愿景。

五年之后，他们要搬去大房子，打包了东西搬到新家。这块早已经被收起的愿景板也被打包到箱子里。有一天，他五岁的儿子坐在箱子上玩，好奇地问爸爸，这里面是什么。爸爸说，那是以前写的愿景板，为满足儿子的好奇心，也为了重温以前的愿景，爸爸打开那个箱子，找出了愿景板，指着上面的图片给儿子介绍。令他自己感到惊讶的是，上面的图片就是现在自己新家的样子，出奇的相似。他看着图片，热泪盈眶，原来自己一直是按照心中的愿景找房子。如果一直带着自己的愿景生活，总能梦想成真。

心不唤物，物不至。

想要什么，就在自己内心发愿，并在头脑中尽可能地想象已经实现的场景，越具体、越生动越好，然后庆祝、感恩。

试一试：

制作自己的愿景板。

现在就想想未来你想要达成的目标、实现的心愿和想成为的样子吧，然后把这些具象化，画出来或者打印出来，贴在愿景板上。

每天带着愿景，进行有价值的生活，有意识地关注自己的行为，会让你的精力更旺盛。

目标思维

马拉松的全长是 42.195 千米，2023 年 10 月 8 日最新世界纪录打破者基普图姆也用了 2 小时 35 秒，这绝对是一场体力、耐力和毅力的比赛，很多人开始兴致勃勃、信心满满，但当体力不支，想到还有那么遥远的路程时，就很容易动摇和放弃了。

可是日本有一名小个子运动员，叫山田本一，虽然比较瘦弱，但分别在 1984 年和 1987 年的两次国际马拉松赛事上夺冠。他是怎样获得成功的？开始记者询问他成功的秘诀时，他总是回答："凭智慧战胜对手！"

后来，山田本一在自传中这样写道："每次比赛之前，我都要乘车把比赛的路线仔细地看一遍，并把沿途比较醒目的标志画下来，比如，第一标志是银行；第二标志是一个古怪的大树；第三标志是一座高楼……这样一直画到赛程的结束。比赛开始后，我就奋力地向第一个目标冲去，到达第一个目标后，我又以同样的速度向第二个目标冲去。40 多千米的赛程，被我分解成几个小目标，跑起来就轻松多了。开始我把我的目标定在终点线的旗帜上，结果当我跑到十几千米的时候就疲惫不堪了，因为我被前面那段遥远的路吓到了。"

当大目标拆解成一个个小目标后，当下要完成的就是一个个小目标了，小目标在自己能力范围之内，比较容易实现，等第一个小目标实现后，再去完成第二个小目标，以此类推最终即能实现大目标。

设立目标很重要，而实现目标更重要。想要实现目标，就要有目标思维。

目标思维是思考目标实现的路径，基本步骤是：设定目标、分解目标、寻找方法、执行方法。

比如，"手段—目的"分析法，通过分析初始状态和最终状态之间的差别，寻找缩小初始状态到目标状态之间差距的算子，从而达到实现目标的目的。

在确定算子时，可以将目标分成多个子目标，进行目标拆解，将子目标的难度降低到自己能够处理的程度，这样更有利于付诸行动和实现最终目标。

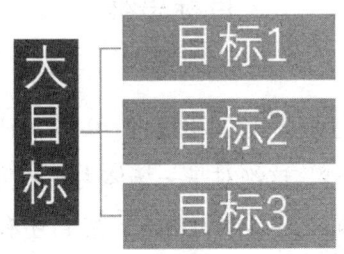

德鲁克说，一切问题都是目标设定和目标达成的问题。

拥有了目标思维，就要遵循三个原则：

1. 目标是清晰、明确、具体、可量化的；

2. 给目标设置一个时间节点；

3. 以目标为中心，与目标无关的，不想不说不做。

分享一个实现目标的车日路模型：

在这个模型中，有太阳、车和路，还有途经的一个个目标。

太阳就是目标：你的职业发展目标是什么？长期目标是什么？中期或短期目标是什么？如果让你排序，最重要的目标是什么？

路就是你要走的路径：如何去第一个目的地？你的路径清晰吗？如果不清晰，该怎么办？

车代表的是自己：你对自己的这台车了解吗？有信心吗？如果有需要提升，提升什么？你通过什么持续"加油"？

通过这些提问，你就会不断明晰自己的目标和实现目标的路径。

从自身找力量

有个古老的故事，讲的是一个叫哈法德的年轻人找钻石的故事。哈法德拥有自己的花园和数百亩良田，但他听说有条白沙上穿流的河里能找到钻石后，非常想找到钻石，拥有巨大的财富。于是，他卖掉农田，拿着钱款去山区找钻石。可他经过了很多的山区，经历了漫长的跋涉，花光了所有的钱，都没有找到钻石，绝望中的哈法德在西班牙的巴塞罗那海湾结束了自己的一生。

后来他的财产继承人牵着骆驼去花园里喝水，突然看到河水里有闪闪发光的东西，他伸手从河水里拿出那块发光的石头后，发现是钻石，并且他从河里发现了更多的钻石，原来，钻石就在哈法德家的后院。

据说，这就是发现最大的钻石矿——印度戈尔康达钻石矿的故事。

年轻人并不知道，其实巨额的财富就藏在自家的后院，还变卖田产四处追寻，最后落得不名一文、性命丧尽的下场。其实，不光是他，很多人都不知道，其实自己就是一个巨大的宝库，需要做的是向内寻求自己的力量，发掘自己的宝藏。

每个人最应该做的，是不断地向内探索，更多地了解自己、认识自己，并坚定地相信自信。

在古老的德尔菲神庙中，有句"认识你自己"的名言，很多人理解成要找到自己的缺点。知道自己的缺点和不足当然重要，可以规避自己的不足，弥补缺陷，但是，知道自己的优点和长处更重要。

太多的案例发现，尤其是青春期时的少年少女，那么不喜欢自己，希望能改变自己，让别人接纳和喜欢。于是不断地向外寻求，通过不同的服装和不同颜色的衣服标榜自己，通过讨好或迁就别人，通过退缩和回避来避免冲突，留给自己的是不断地自我否定和自我排斥。

如果连自己都不喜欢自己，怎么会让别人喜欢你呢！

青春期的孩子格外在意别人的看法，特别希望同伴的接纳和陪伴。然而，就像屠呦呦说的，不要去追一匹马，而是种一片草地，草绿了，马儿自然会来；不要去追一只蝴蝶，努力盛放最美的花朵，蝴蝶自然会来。

也就是说，我们最应该做的，是经营好自己，尤其是要发挥自己的优点和长处。

自己的优点就是自己的资源宝库，是自家后院的钻石。不断地挖掘自己的宝库，让自己的钻石越来越多，自己就会越来越富有。

别忘了，每个人都有圣人的特质，就像佛家所说，每个人都是自己的佛。

感恩石的故事

从前有个小男孩，遇到了一个白胡子老爷爷，老爷爷送给了他一块石头，跟他说："这是一块感恩石，代表着爱和感恩。记住每天摸摸这块感恩石，并表示感谢，感谢身边发生的一切！"

这个小男孩听了老爷爷的话，每天都去摸感恩石，表示自己的感恩，同时寻找机会去帮助更多的人。慢慢地，小男孩变得越来越快乐，日子过得越来越幸福。

感恩石真的有那么大的作用吗？

李·布劳尔（Lee Brower）分享了一个他朋友的故事。有个南非的朋友去他家做客，看到从他口袋里掉出来的石头，非常好奇，布劳尔解释说，这是感恩石，可以用来表达自己对周围世界的人、事、物的感恩之情。他放在口袋里，经常摸一摸，在内心表达自己的感谢。

过了一段时间，他朋友请求布劳尔能不能把这块石头寄给他，因为他的儿子得了罕见的重病，去了很多地方治疗，但是都没有很好的办法。

布劳尔解释说，这其实就是一块普通的石头，但还是把石头寄给了他。

奇迹出现了，那位南非的朋友在四五个月后来信说，他的儿子奇迹般地康复了，非常感谢他寄的感恩石的作用。并且，这位朋友卖了上千块的感恩石，并将这些钱捐给了慈善机构。

感恩的力量就是这么强大。

吸引力法则认为，真心诚意地感谢你生活中出现的事物，这会产生吸引来更多美好的事物。当你真诚地表达感恩的时候，就会发现原来生活中有那么多值得感恩的事情，原来自己拥有的还很多很多。

感恩可以帮助我们将注意力放在自己已经拥有的事物，而不是缺少的事物上。

可是如果生活中发生的是困难或者挑战呢？

那也要表达感谢。

　　感谢那些困难和挑战，因为这些境遇，让我们有了应对困难和挑战的机会，可以更好地提升自己，走出舒适区，发展自己没有的能力或品质。

　　就像孟子所说的，那些苦、劳、饿、空、乱，都是上天赐予我们，要磨炼我们的意志、增加我们的才干的，怎么会不感谢之呢？

　　稻盛和夫说，活着就要感恩。活着就已经很幸福了，每天睁开眼能看到明媚的阳光，下床能穿上舒服的拖鞋，穿上合身的衣服，吃着简单而又可口的饭菜，都是值得感恩的事情。感恩能够散发出积极的能量频率，能够让自己内心处于安静平和之中。

　　我在了解到感恩的强大作用之后，开始记感恩日记，每天在睡觉之前，开始回顾一天的美好，记录下当天发生的三件好事，也开始写下至少五件值得感恩的人或事，并对他们表达感谢。有时候值得感恩的事情太多了，能写到九件或十件。

朋友的重要

《你在他乡还好吗》是我以前非常喜欢的老歌，当怀念某个朋友的时候，耳畔就会回响起这首歌的旋律，"是否还会想起从前，你在他乡还好吗？是否已经有了太多改变？"

出去开会见到了近二十年未见的老同学，见到了师兄、师弟、师妹和学生，见到了老朋友，结交了新朋友，心里充满感慨，朋友是我们生命中非常重要的一部分，于是就想聊聊朋友这个话题。

我经常问来咨询的青少年朋友们，"你有朋友吗?"

有的真的会说，没有，一个也没有。

除了父母和手机，把自己活成了一座孤岛。

结果会怎么样?

挫折是普遍存在的，遇到挫折情境，难免会产生伤心、失望、沮丧、难过、抑郁、自责、焦虑等自我指向的负面情绪，或者出现愤怒、谴责、抱怨、攻击等他人指向的负面反应。

没有心理咨询师这个行业的时候，遇到问题大家都会怎么做？

不开心了，找朋友聊聊天，一起吐槽一下某人、某物或某事；

找一帮朋友聊聊天，天南海北侃一通，嘻嘻哈哈地聊一聊，心里的郁闷情绪就慢慢消散了；女同志可能会一起约着逛逛街，买些喜欢的、平时不舍得的东西，来安慰一下自己；或者吃吃喝喝，用美食来满足自己胃的同时，也驱散所有的阴霾没有什么是一顿美食解决不了的。记得有一次心情烦闷，因为什么事早就忘了，跟朋友一起出去，朋友带我去了巧媳妇的二楼，说甜食最能够缓解情绪，买了小蛋糕和果茶，慢慢品着慢慢聊。

也可以和朋友约着一起打打球、跑跑步，出出汗、散散心。

朋友是你身边的心理疗愈师。能够和你一起欢笑、一起流泪，一起谈古论今，一起同仇敌忾，朋友是每个人生活中必不可少的心理建设元素。

所以，假如没有一个朋友，其心理弹性会更弱，心理资本会更少，遇到问题更不容易迅速恢复心理能量。

可是，现在的孩子们，真的太缺少交朋友的机会了，初中学业压力就已经很重了，有些孩子过着朝六晚十的生活，天天趴在书桌前，做不完的作业，刷不完的题，哪有时间出去玩，哪有时间交朋友？所交往的不过是周围同学几个，甚至有些孩子连周围的人都不交往，逐渐将自己活成孤岛。

内心郁闷了，跟父母讲，感觉父母不理解，开头就是学习，闭口就是作业；跟同学讲，看着大家都那么忙，连听他的心事的时间都没有，也不想耽误别人的时间；有些同学在游戏中找朋友，觉得游戏中的人更理解他于是学业成绩下降、亲子冲突更大了。

没有得到疏解的情绪，积累久了，会产生两种严重的后果，在压抑中爆发，或在压抑中消亡。

阿德勒说人生有三大任务，事业、友谊、家庭。

朋友是非常重要的社会支持系统，朋友是三鼎之一，有了这一鼎的支持，才会三足鼎立，人生路才会走得更稳当。

青少年朋友们，出去交朋友吧，不要把业余时间沉浸在手机或游戏里；

家长朋友们，鼓励孩子出去交朋友吧，或者创造一同出游的机会，让孩子们能相互交流、相互分享、相互吐槽，舒缓心情。

至于书本面前的你，给当下想到的第一个朋友发条短信，问候一下，最近还好吗？

未来做什么

看到一篇心理学博士布莱斯·格罗斯伯格（Bryce Grossberg）写的《我在上东区做家教》的分享。上东区是纽约曼哈顿最富有的街区之一，很多富人都集聚在此。布莱斯博士发现住在这里的富人们没有普通人所认为的悠闲自在，反而有更多的竞争与焦虑，尤其是在教育方面，都普遍"鸡娃"。家长们希望孩子能够继承他们的地位，至少上一所顶尖藤校，所以孩子们的学习和体育从早到晚都被安排得满满的，一点空余的时间都没有。她辅导的一个叫莉莉的孩子，早晨起来先去参加壁球训练，然后上学，她们上的都是私立学校，难度和强度都要比公立学校大。放学后再去打壁球，然后写作业，上辅导课，晚上有两名家教的辅导，莉莉表示自己更喜欢做一名服装设计师，但根本没有选择的权力。

在这样一种高强度、高压力的学习环境下，孩子们更易罹患心理疾病。哥伦比亚大学的苏尼亚·卢塔尔（Sunia Lutar）的一项追踪研究显示，富裕家庭的孩子比贫困家庭的孩子更易滥用药物；富人家孩子的抑郁程度要高于平民家的孩子。而家长们似乎一点都不担心，认为只要能考上藤校，一切都会好的。

考上名牌大学，一切都会好了吗？

2016 年，原北大副教授徐凯文博士通过调查发现北大新生中近四成认为生活没有意义，学习没有动力，不知道自己想要什么，迷茫、空虚、无意义感、无价值感，遂命名为"空心病"。

空心病提出后，人们逐渐意识到"鸡娃"到名校后的后遗症，不可谓不严重，因为会有抑郁症和自杀的风险。

我曾接待过因为多门课不及格而学业预警的学生，在大学的学习状态不及高中时的十分之一，手游、网游、视频、玩乐等占据了很大的精力，甚至有的学生跟父母的关系非常不好，有位学生把妈妈拉黑了，只保留跟爸爸的联系，并仅限于需要钱的时候才联系。

　　孩子们在初中的时候，努力学习，上各种辅导班，目的是上一所好的高中。

　　考上高中后，朝五晚十（甚至十一、十二）的生活，只为考上好大学。

　　可是考上大学后，忽然不知道要干什么了，目标实现了，生活却迷茫了。

　　尼采曾说过，如果知道为什么而活，就能够忍受任何一种生活。也就是说，如果明确了自己生活的目标和意义，就不怕当下的困难和挫折。

　　问题的关键是，很多人不知道自己真正想要的是什么，不知道活着的意义是什么。

　　所以，家长要更多的引导孩子不断地探索自己的兴趣，发现自己的特长，去做自己擅长的、喜欢的事。大学只是实现梦想的一个途径，但不是唯一的途径。

　　家长多和孩子探讨，他/她将来要做什么，想过一种什么样的生活，理想是什么，志向是什么，可以引导孩子不断思考、不断寻找、不断探索。一旦孩子明晰了内心所向往的，就会从内而外生发出强大的驱动力，如源泉活水，绵延不绝。

去做，就有时间

有一次收拾东西，发现两三年前的核桃还在。以前是想着等有时间了再去壳，放了两三年都没有时间。本想着换个地方放，等有时间了再处理，但很可能再放两三年，还是没有时间，于是开始去壳。等到去做的时候，发现大部分已经生虫坏掉了，幸存的并不多，本来以为很麻烦的事，没想到半个小时就处理完了。

原来，麻烦都是自己的大脑创造的剧本。

现代人太忙了，"没时间"，是很多人经常说的话。

确实没时间，有点时间，还得刷刷视频，玩玩手机呢。

以前上课的时候，讲到伯恩的心理游戏部分，一个学生分享了她的事情。她的舍友是另一个学院的，有天晚上抱怨说老师在催论文，可她还没有写完，好焦虑啊。

学生：那你赶紧找时间完成作业啊！

舍友：天天上课，哪有时间写啊！

学生：那你可以晚上写啊！

舍友：晚上还得做社团的预案，部长这两天就让交了！

学生：那你等下晚自习再回去写啊。

舍友：都忙了一天了，我难道不能看看视频，放松一下吗？

学生好无语，好心帮助她，可是最后觉得根本就帮不了她。

我说，你是掉入了她的心理游戏陷阱中了。

如果不想做一件事，可以有无数的理由。如果想做一件事，只需要一个理由就够了。

不想做一件事，总是没时间。可是，如果想做一件事，无论如何都会有时间了。

如果让你每天拿出一个小时运动，你会做吗？

你可能觉得怎么可能，我那么忙，哪能挤出一个小时的时间呢？

　　劳拉·万德坎姆（Laura Vanderkam）博士关于时间管理的 TED 演讲中，分享了一位忙得团团转的成功人士的故事。那位成功人士真的很忙，忙到时间需要以"分钟"来计算。有一天回家，她突然看见热水器坏掉了，水从卫生间溢出，把客厅的木地板都泡了。她赶紧联系维修人员维修，在一地的水面前，所有的事情都得放下了，如果不把眼前的事情处理完，可能整个家的地板和家具都得遭殃。

　　从联系热水器的维修、水电维修，再到地板维修，前前后后花了 7 个小时。

　　整整 7 个小时，平均一天就是 1 个小时。

　　原来每天拿出 1 个小时的时间，是完全可以的，只要你有面临热水器坏掉的不得不做的紧迫感。

　　所以，当你觉得很忙，没有时间去做一件事情的时候，真实的原因是你觉得这件事不重要，或者你并没有把它放到优先位置上。

　　如果你觉得某件事是必须做的事，就尽快去做，不要放到以后，以后还有很多需要做的事情。越到以后，你就会发现，你真的越来越没有时间。

　　而只要去做，总是有时间的。

保持耐心

我们经常会说起顺其自然这个词，自然就是自己本来的面貌，顺其自然就是顺着事物本来的面貌进行。事物的发展有其规律，春有百花秋有月，夏有凉风冬有雪。自然不会因为个人的意志增加一分或减少一分，它按照自己的时间序列一步一步呈现和运作着。人在天地间也是自然的一部分，所需要做的就是安住于当下，保持耐心，顺着自然的状态一步步地进行。

然而人总是很难保持应有的耐心，种下种子就希望马上开花结果，做点事情就希望立竿见影，吃下的药就希望药到病除。这是人的天性，人总是喜欢趋乐避苦，趋易避难，急于求成。

万物自有其时，四时皆有其序。春来了花自开，拔苗助长，焦虑急躁，没有任何帮助，不仅使自己痛苦，也会使别人痛苦。

事物的底层规律就是因果定律，种下什么样的因就会得什么样的果，如果种下大豆的种子，就不可能结出瓜；如果想要吃到瓜，就需要种下瓜种子。种瓜才能得瓜，种豆才能得豆，不能只是看到外在结果的呈现。

水到渠成是在咨询中经常用到的一个词。我们总是焦急，为什么水一直没有流到该到的地方？不是水的问题，关键问题是水渠有没有挖到位置。只要我们的努力做得足够，能够把水渠挖得足够宽和深，水流到目的地是一件自然而然的事情，功到自然成。

道理懂得很多，却总是无法做到，是因为自己的内心焦虑、着急、烦躁，无法安住于当下。

焦虑、急躁、不耐烦的底层是愤怒，不光是对他人和世界的愤怒，还有对自己的愤怒。愤怒是一种强大的能量，不希望事情顺其自然，总希望能够按照自己的意愿发展。可是，事物很难按照个人的意志进行，它遵循因果律，如果想要获得什么样的果，就需要种好什么样的因，并做好栽培浇灌的工作。

万物因循天性而动，要能够知道事物发展的规律，顺应事物发展的特性。放下焦虑，放下控制，当进则进，当退则退，学会耐心，学会等待。

要相信春天的播种，夏天的耕耘，一定会等来秋天的收获。

给自己一份耐心，也给他人一份信任。

上天的栽培和自己的努力，终将使小树长成参天大树。

培根说，我们不能期望在播种的同时获得收获。

将心定下来，去除外在的纷扰，回归内心的宁静与安宁，按照事物本来的样子，让事物顺其自然的发展。顺其自然，是我们不再执着于某一件事物、某一种观念、某一个想法，而是放下自己，接受一切，随着每一刻的展开，全身心地融入当下，不强求、不抗拒、不挣扎。

孰能浊以静之徐清，孰能安以动之徐生？

学会等待

现代生活节奏的加快，使得人心也跟着浮躁起来，当下短、平、快是大家普遍的追求。学会等待，慢下来感受当下，学会欣赏一次日落，品尝一顿饭菜，跟三五好友慢慢聊，都是难得的人生享受。而如果着急看到事物的结果，匆匆忙忙地赶路，会带来什么呢？我以前一直是很着急的人，缺乏耐心，厌烦等待。有一次听到一名嘴在单口相声中说，现在很多人急急急，急着去干嘛呢？难道是急着赶赴生命的终点吗？想起了一个性急的年轻人的故事：

从前有个性急的小伙子，要与女朋友去公园约会。他到的早，可是女朋友还没到，就很烦躁，无心欣赏眼前的美景，一头躺倒在大树下长吁短叹起来。

忽然，他眼前出现一仙风道骨之人。他跟小伙子说，我知道你为什么闷闷不乐，你肯定是着急见到女朋友，希望她立刻出现在你面前吧。

小伙子一听来了精神，说，你怎么知道的。

那人说，我送你一颗纽扣，只要转动纽扣，你就得到你想得到的。

小伙子很高兴，拿到纽扣就想立刻让女朋友到公园来。

果然，他一转动纽扣，女朋友就笑意盈盈地出现在他面前了。小伙子乐不可支，心想慢慢谈恋爱多麻烦啊，直接结婚不是更好吗？于是转动纽扣，出现他和女朋友携手步入殿堂的画面。小伙子感到幸福无比，可是又一想，结了婚还得生孩子，养孩子，这多麻烦啊，不如让孩子直接出生，马上长大吧。

这可能也是很多爸爸妈妈的想法吧。可是我们都没有那颗神奇的纽扣，不能让时间飞速前行。

小伙子想到这里，干脆转几下纽扣，让孩子出生，长大吧。然后两个孩子接连出生了，在小伙子的纽扣不断转动的过程中，孩子们倏忽间长大了，他们也换了大房子，然后孩子们又都离开家了，这个时候，小伙子忽然发现，自己不再是个小伙子了，头发花白了，牙齿松动了，摇杆挺不直了，腿脚也不听使唤了，还动不动的生病去医院。

这个时候小伙子忽然惊醒了，拼命的想转动纽扣，让纽扣回到从前，回到他身强力壮，还是小伙子的岁月，可是无论怎么转动，纽扣只会前进，不会倒转，急得小伙子眼泪都快出来了，出了一身的冷汗，然后突然挣开了双眼。

原来，是大梦一场。

惊魂未定的小伙子，抚着砰砰跳的心口，安慰自己说，还好是场梦，还好不是真的。

小伙子抬头忽然发现，眼前鲜花盛开，蝴蝶翩飞，鸟儿追逐嬉戏，远处的蒙童嬉笑打闹，好一派生意盎然的美景，怎么自己以前从来都没有看见过呢？

天空还是那样蔚蓝高远，云朵还是那样悠闲自在，可是小伙子，已经不再是原来性急的他了。尽管心爱的姑娘还是没有来，但他已经心境平和，安于当下，在这美好的日子，安静的欣赏大自然的美，何尝不是一种享受呢？

学会等待，也就学会了活在当下，享受人生。

然而，现在他已学会了等待。

一切焦躁不安已烟消云散。他平心静气地看着蔚蓝的天空，听着悦耳的鸟语，逗着草丛里的甲虫，他以等待为乐。

即使等待，在生活中也很有意义，一方面你可以积蓄力量；另一方面，只有经过努力和历尽艰辛实现的愿望，才更令人满足。

那些被忽视的金子

自我认识是青少年最困扰的问题之一，有些人会"觉得自己不够好，可能别人都不喜欢自己，自己有哪些缺点，怎么其他人都能做得比自己好，怎么自己一无是处，什么都做不好？"

于是，自卑的阴云就终日笼罩，无法散去。

自卑是自我评价过低的体验，其原因很多，有现实的原因，也有想象的原因。正念治疗大师卡巴金认为，自卑问题很大程度上源于自己的想象，而且上面打上了过去经历的印记。

自卑的重要来源是自己的注意力偏向。每个人都有优点和缺点，可是，自卑的人只选择看到自己的缺点，并把它无限放大。同样的半杯水，天天盯着那少的半杯，哀叹自己的缺失，而不去看自己还拥有的半杯，当然会不断地自艾自怜。

另一个重要来源是还深陷在童年时期的伤痛中，忘了自己已经长大，并允许那些伤害自己的人或事持续伤害自己。童年往事如风，早已随时光而流逝，可是很多人总是固执在童年经历中，一次次体验那些不愉快，让那些不愉快的经历加重自己受害者的体验，并在潜意识中为自己找各种理由和借口。

与此同时，不断地向别人投射自己的想法：你很好，可我很差。

阿德勒是最早专门研究自卑的专家，他说自卑人人有，自卑并不是问题，觉得自己不如别人，可以奋起直追，去不断超越自己，追求卓越。问题是因为自卑而自卑，从而形成自卑情结。

自卑的人总是关注自己的不足，要么把自己的优点看成理所当然，要么压根就没意识到它们的存在。不要看自己没有的，要看到其实自己还拥有很多，

伤痕固然重要，但内在的优势和美德同样重要。要相信自己的内在，相信自己拥有金子般闪光的优点，要在自己的后花园里找金子。

老子说："天下皆知美之为美，斯恶已；皆知善之为善，斯不善已。"知

道什么是美的，那是因为有不美的存在；知道什么是善的，那是因为有恶的存在。一阴一阳之谓道，世间事物，从来都是阴阳相调和，辩证相统一的，所以优点和缺点也是如此。

我曾经在课堂上让学生们做过这个小活动。每个人匿名写出三个自己最不接受的缺点，然后投到屏幕上，大家一起把这些缺点换一种说法，变成优点。是的，这全是一体两面，说一个人自私，是他懂得爱自己；一个人懒惰，是懂得享受；一个人好吃，是懂得欣赏美食；一个人固执，是非常执着……

所以，当自己找不出多少优点的时候，可以找缺点，然后把缺点转变成优点，因为有多少缺点，就有多少优点；同样有多少优点，就有多少缺点。

转变自己的注意力，转变自己的眼光和视角，从过去的自己中走出来，回到当下，关注当下，不断找出自己的优点，赞美自己的优点，更愉快地活在当下。

小薇的故事

小薇长得漂亮，工作干得也很好，聊起天来发现她还是多能人才，饭做得好吃，家里的灯、窗户、家具维修等，都能做，并且每天都有灿烂的笑容。我不禁夸赞她的能干，她说你知道我为什么什么都会吗？具备三个条件就行了：

母亲早亡，父亲再婚，后妈虐待。

这些话是笑着说的。

我一时不知道该说什么。

我以为她有优渥的家庭、良好的家教和父母宠爱的生活，没想到恰恰相反。

她说，什么都没有也不可怕，关键是自己不要掉入痛苦的牢笼。那个牢笼不是别人给的，而是自己给自己的。

我点头称是，因为阿德勒说过，决定一个人的不是遭遇的事件，而是个人对事件的看法。生活中有很多的机遇，有些根本是"意外之喜"，对于我们无法掌控的外在事件，只有调整认知，转变自己的看法，找到意外背后的礼物。

况且，痛苦是人生的普遍命题，酸甜苦辣咸，很多不是人能主观决定的，但可以选择如何回应自己的遭遇和苦难。

小薇说，没有人能清除你已经植入头脑中的想法，能改变自己的，只有自己。内心那扇门，是不能从外面打开的。真正的改变不是来自外力的作用，而是来自自己的内心。

当内心发生改变时，外在的行为才会发生改变。

每个人只有自己，拥有自己的关键，是不断成为真正的自己。

我问她是怎么做到的，一手烂牌，却打得如此漂亮？

她说，活着就要感恩，每天能睁眼看到明媚的阳光，呼吸到新鲜的空气，这是一件多么美好的事。

　　她说，她有自己的目标和对生活的向往，那个目标就像一只带着箭头的箭，带着她前行。

　　她说，她时时做自己思维和行为的观察者，如果陷入受害者思维中，就立刻转念，很多人都会抱怨为什么是我？为什么不能是她呢？上天给了她这个人生剧本，可是，她不能落入陈旧的剧情里，让别人左右她的人生。

　　所以，她经常思考的是：我想成为什么样的人？想做什么？我能怎么做？

　　即使在最恶劣的环境中，我们也能找到力量和自由。我们的内心拥有所有爱和力量。过去的经历并不能决定我们是谁，只能说明我们有过怎样的经历。

　　无论发生什么，都以平和的心态面对。

　　每个人拥有的只有自己，孤独地出生，也会孤独地离去。所以每天早上起床后，照一照镜子，对自己说"我爱你""我永远陪伴你"。拥抱自己，亲吻自己。

　　让自己一天挣都保持这份好心情，每天都坚持这么做。

世界上什么才是最珍贵的

世界上什么才是最珍贵的？有的学生说是生命，有的说是家人，有的说是快乐，有的说是幸福，也有的学生说是金钱。

这个故事说的是在一个寺庙发生的事。

这个寺庙叫圆音寺，寺里香火鼎盛，很多香客都来到庙里祈福。在寺庙的屋梁上，有只蜘蛛，因为常年接受香火的供奉，寺里的传经布道，渐渐地有了佛性。经过了一千年，有一天，佛祖来到寺庙，临走时发现了这只蜘蛛，就想考一考蜘蛛的修行，问了它一个问题："这个世界上什么才是最珍贵的？"蜘蛛回答："得不到的和已失去的。"佛祖笑笑说，你继续修行吧。就这样又一千年过去了，佛祖又来到圆音寺，问了同样的问题，蜘蛛说："得不到的和已失去的。"佛祖笑笑说，你继续修行吧。在第三个一千年，有一天刮起了大风，一颗露珠落在了蜘蛛网上，蜘蛛看到这颗露珠，晶莹剔透，特别喜欢，可是又一阵风过，把这颗露珠吹跑了。蜘蛛心理好不难过。这一千年过后，佛祖又来了，问了蜘蛛同样的问题。蜘蛛想起这三千年最开心的事是遇到了一颗美丽的露珠，可是却没得到，于是回答"得不到的和已失去的"。佛祖见它一直不开悟，就说，那你到人世间走一遭吧。于是，蜘蛛投胎到了一个官宦人家做小姐，取名叫"珠儿"。珠儿16岁的时候，已经长成温婉可人的妙龄少女，正值状元甘鹿新科及第，皇帝在后花园开庆功宴，很多王公大臣的子女都受邀参加，珠儿也去了。当珠儿看到甘鹿的时候，就想这肯定是上天赐予的姻缘，他肯定是属于自己的。可是几天之后，皇帝突然赐婚，将长风公主许配给甘鹿，而将珠儿许配给了太子芝草。珠儿听到这个消息后，就一病不起，无法接受这个命运，觉得生无可恋。太子听说珠儿大病，就赶到珠儿的床前，想着如果珠儿死了，自己也不会独活。就在珠儿气若游丝、灵魂出窍之际，佛祖来了。佛祖说，让我告诉你你的前世今生吧。你不过是寺庙横梁上的一只蜘蛛，因为三千年的修行，有了很大的佛性。可是，你知道在第三个一千年你爱慕的露珠是谁带来，又是谁带走的吗？是风，甘鹿就是那颗露珠，而长风公主就是那阵风；你爱慕着别人，而你知道吗，在你墙角下有一棵草爱慕了你三千年。那就是芝草太子，而他正要为了你而自刎于床前。当珠儿听到这儿，灵魂归位后，醒来打掉太子的剑，两个人拥抱在一起。

　　这个时候，珠儿明白了，世界上最珍贵的，不是得不到的，也不是已失去的，而是现在能够把握的幸福。

非常喜欢这个佛家故事，也让我想起另一个佛家小故事。

　　在一个寺庙里，有个老和尚和一个小和尚，小和尚发现草地上的草枯了，对老和尚说："快点洒上草种吧，草地枯了。"老和尚说："等天气凉了，随时。"秋天，老和尚拿了草种子让小和尚播种，这时刮起秋风，许多草籽都被刮走了，小和尚说："不好，草籽被风吹跑了"老和尚说："没关系，被风吹跑的都是空草籽，播种也不能发芽，随性。"撒完种子，有许多小鸟飞来吃种子，小和尚说："鸟儿要把种子吃光了！"老和尚说："没关系，种子多吃不完，随意……"晚上一阵骤雨，早上小和尚冲进禅房说："雨水把种子都冲走了！"老和尚说："冲到哪里哪发芽，随缘……"七天过去，原本枯黄的草地上长出了绿色的新芽，一些原本没有播种的地方也有了绿意，小和尚十分高兴，老和尚点头说："随喜……"

随时、随性、随意、随缘、随喜，多么豁达通透的人生态度，有多少人是太过于执着于某事、某利而折磨自己，不得开心颜。抑郁是生活于过去，焦虑是生活在未来，只有生活在现在，真正的平和、充实。

　　得不到的不属于自己，已失去的也不再有缘分，与其执着于不得和已失，不如好好珍惜当下能够把握的小确幸。

抑郁与焦虑

抑郁、焦虑都是非常常见的情绪，每个人都会有，但是如果过度的抑郁、焦虑就容易发展成病症，从而严重影响心理健康。事实上，抑郁是一种选择，一种习惯，是完全可以改变的；焦虑也是一种选择，当我们改变了自己的认识和看法，学着活在当下，就能够很好的控制和管理自己的消极情绪。

抑郁是一种习惯

《2022 国民抑郁症蓝皮书》显示，我国 18 岁以下抑郁症患者占总人数的 30.28%。在抑郁症患者群体中，50%的抑郁症患者为在校学生，41%曾因抑郁休学。报告显示，高中生抑郁检出率为 40%，初中生抑郁检出率为 30%，而小学生的抑郁检出率为 10%，青少年的抑郁问题尤其需要关注。

抑郁的典型表现是三低：情绪低落、思维迟钝、行动力减退。比如，感到对什么都没有兴趣，比以前笑的次数少了，在哪儿都不开心，不想上学或不想上班，不想见人，不想和人交往，甚至觉得活着没有意思等。

抑郁其实是一种习惯。

当我们遇到问题时，习惯性地应用同样的思维策略，而随着环境的变化、挑战的增加，并不是所有以前的经验都能发挥同样的作用，当以往的应对方式不能解决当下的问题时，就容易产生消极情绪，如抑郁、烦闷、焦虑等。消极情绪谁都会有，但消极情绪积累久了，就容易产生抑郁症状。在临床上，抑郁诊断的时程标准是两周，如果一个人两周持续性的情绪低落，就达到了抑郁的临床诊断标准了。

习惯性的思维方式导致习惯性的情绪反应。

当我们经常启动消极思维方式，就会强化消极思维方式的大脑回路，等下次再遇到无法用已有策略解决的问题，依然会产生类似的想法，形成消极情绪，从而不断强化消极大脑回路。大脑中与抑郁有关的神经网络，被称为任务消极网络（default mode network，DMN），这是心灵的暗能量，占据着大脑的内存，消耗着大脑有限的注意资源。

所以，抑郁是一种习惯，一种思维习惯形成的情绪习惯，并进而发展成行为习惯。

改变抑郁的习惯，需要先打破抑郁的自动化反应回路。

正念冥想是打破抑郁反应回路的很好方法。

研究发现，练习正念冥想，能够阻断思维反刍，重塑大脑神经网络。每天坚持 30 分钟的正念冥想，持续两周，就能看到大脑的显著改变。

研究表明，以正念为主的抑郁治疗效果显著优于常规治疗，72%的患者接受正念训练后抑郁程度显著降低[1]。正念对抑郁起效的一个重要原因是它阻断了思维反刍[2]。被抑郁找上门的人，经常陷入对过去的纠结、自责、内疚、埋怨、愤恨等消极情绪中，并不停地反复思考，形成恶性循环，从而更进一步陷入抑郁的泥潭。而正念强调关注当下，有意识地觉察当下的一切，只是如实地观察，不批判，不评价，允许和接纳。

如果经常练习正念或自我关怀，那么大脑中支持正念和自我关怀的神经通路就会得到强化。

[1] SUNDQUIST J, LILJA A, PALMÉR K, et al. Mindfulness Group Therapy in Primary Care Patients with Depression, Anxiety and Stress and Adjustment Disorders: Randomised Controlled Trial [J]. The British Journal of Psychiatry, 2015, 206 (2): 128-135.

[2] WILLIAMS J M G. Mindfulness and Psychological Process [J]. Emotion, 2010, 10 (1): 1-7.

抑郁的反面是表达

感受只是感受，没有对错

抑郁的反面是表达。

跟他们说："多跟我说说吧。"

当压抑或剥夺了别人的体验，会让别人一直困在里面，走不出来。

那些困在里面的感受，会让人生病。

情绪知道答案。

情绪与身体健康有密切关系，如果把情绪感受关在心里，压抑在身体里，积累多了，它会以身体体验的方式告诉你，它在那里。

我们从小都被教导要按照社会允许的规范和价值生活，不被允许去表达和释放自己的情绪，并认为这些释放是"不懂事"。

一个懂事的孩子，不要说不喜欢上学，不喜欢写作业，不喜欢去上辅导班，不喜欢去做某些事。

他应该喜欢，因为只有这样，将来才能符合社会的发展要求。

摔倒了，"不要哭，男子汉，有什么可哭的，把眼泪憋回去！"

手划破了，"有什么可哭的，那么娇气，不就是破点皮吗？"

和同学闹矛盾了，"这有什么，同学之间哪还没点摩擦，相互谦让就好了。"

作业不想写了，"不能不想写，必须写，这是学校要求的。"

成人在教导孩子的时候，总会有意无意地弱化或否定孩子的感受，让孩子感到有些感受是不能有的，是不被允许的，于是就形成了压抑。

慢慢地，父母发现，孩子怎么越来越不爱说心里话，尤其是到了青春期，跟孩子的交流越来越少，甚至除了学习之外，几乎无话可说。而只要一问学习，孩子更是三言两语，简单的打发家长的关系或焦虑。

有些父母的做法，也会让孩子感到压抑。在一些家庭里，夫妻之间出现矛盾之后，不正面解决，不当面沟通，反而让孩子当传话筒，把孩子卷入父母矛盾中，形成三角关系。虽然孩子的加入暂时缓解了夫妻间的冲突，但同时也带给孩子不好的示范，如有些问题是不能沟通的，有些愤怒是不能表达的，有些意见是不能表露的，有些感受是不被允许的……

于是，当他们有一些不良情绪、消极体验时，也倾向于压抑或否认，同时刻意隐藏自己的情绪，采用逃避策略，只是通过游戏、酒精、尼古丁，或吃、睡、发火和偶尔抓狂来表达，严重的会用刀子划伤自己，来体验某种感觉。

如果你的情绪不被体验到，如何得到治愈呢？

曾经的一部分被困在过去，就无法真正获得自由。

为什么会逃避自己的感受？

可能那些感受让自己很不舒服，可能自己觉得不应该有那些感受，或者认为那些感受会伤害到别人，会让别人担心，而不去表达。

我曾接待过多位中学生，我鼓励他们分享自己的体验，他们也能跟我表达他们的担忧、不满、恐惧或者某种极端的想法和感受，在最后，我问有什么是需要向父母保密的，孩子告诉我，不要把我的那些感受告诉他们，我问为什么？一部分是怕父母担心，另一部分是即使说了，他们也不会理解的。

当孩子表达感受，不被理解，不被接纳，甚至不被允许时，他们就学会了不再表达。

而压抑感受的后果，很容易导致抑郁。

所以，抑郁的反面是表达。

感受只是感受，会来也会走，没有对错。

如果你逃避自己的感受，就是否认现实，而当你努力把感受关在门外，告诉他们赶紧走，我不要你们的时候，你就会体验到，他们一直在那里。

越想忘记，越难以忘记。

不要再逃避或拒绝你的感受，走进它，感觉它，看着它，关注它，慢慢陪着它，看它能陪你多久。

允许有自己的感受，进入自己的感受，和自己的感受待在一起，如果有机会，就多表达自己的感受。

你要不断提醒自己的是，感受只是感受，它不能决定你是谁。

即使困难，也承诺行动

情绪是一种能量，能来也能去，如果回避痛苦，拒绝痛苦，只能使痛苦更重。

没有人希望痛苦，趋乐避苦是人的本性，然而，痛苦又是常态，人类的共同命运。

真正的痛苦不是没有痛苦，而是你认为自己不应该有痛苦的痛苦，也就是抗拒痛苦的痛苦。

凡是你抗拒的，都会继续。

痛苦也是。

抑郁只是一种信号，一种提醒，告诉你生活遇到障碍，需要调整生活方式、思考方式和人际关系了。

如果因为抑郁而不去上学、不去上班，就会掉入原因论里。很多人就会想，如果没有抑郁就好了，我就可以正常上学、上班了。阿德勒的目的论认为，人们是因为不去上学、不去上班而抑郁，抑郁的目的是不要上学、上班，不去面对生活中应该面对的挑战。

越不面对、越逃避，抑郁情绪会越严重，陷入自我消极思维和评价中不能自拔。

最好的方式是：面对，去做，去行动。

即使情绪困难，也要去做事。

行动会激活情绪感受，慢慢提升情绪能量，在行动中复活积极因子，恢复动力。

做哪些事？

抑郁症的典型表现是三低：情绪低落、意志力低下、行动力低。

对于抑郁患者，更是什么都不愿意做，睡眠不足，饮食失调，感觉做什么都没有价值，做什么都没有兴趣，严重的连以前爱看的电视剧、爱刷的视频，也觉得索然寡味，提不起兴趣。

　　这都是抑郁这条"黑狗"在起的作用，它越是不让你做事，你越要找点事情来做。

　　如果居家，可以从做家务活开始，扫地、拖地、洗衣、做饭、收拾家，只把精神心思放在家务劳动上，其他什么都不管，什么都不想，累了就休息，做完一件家务就鼓励自己，"我真的很棒！"

　　如果上班，从自己能胜任的最简单的工作开始，去做那些不需要太多脑力或精力就能完成的事，如果能够跟领导说明最近的情绪状况，得到领导和同事们的支持和帮助，社会功能则会恢复得更快。

　　如果上学，则降低对自己的要求，听懂多少算多少，能学多少算多少，但要坚持上学。

　　在"黑狗"陪伴的日子里，坚持上学或上班本身就是一件辛苦的事，既要完成工作或学习所需，又要满足"黑狗"的要求，所以，不要再对自己有高要求，能坚持做事就很好了。

　　如果在这个基础上，能每天做点令自己愉悦的事情，就更好了。

　　坚持积极性行为，回避性行为就会减少，情绪困难的问题会慢慢解决。

　　抑郁情绪是一种信号、一种提醒，不是要对抗和处理的问题，我们每天要做的事情才是重要的事，每天询问自己的志向是否笃定，询问自己是否朝着实现志向的方向做事。

　　即使情绪上困难重重，也要承诺行动，投入生活中。

抑郁诱发因素自评

抑郁是谁都可能得的情绪问题，就像感冒，病毒来了，很少有人能够幸免。

抑郁不可怕，关键是能够认识它。

古人认为，思虑过度，会导致肝气郁结，形成情志不舒，气积郁滞，从而产生"郁症"。

"郁"在汉语意思中，有阻滞、闭塞、怨恨、积聚之意。人有七情六欲，如果七情不纾，就可能久抑成结，积聚成郁。

所以，关键是情绪的压抑、积累而形成的郁结。

导致抑郁情绪产生的原因很多，不管是生理学家、人类学家、社会学家还是心理学家，都从不同的视角分析抑郁的成因，至今能形成的共识是，抑郁是多方面因素导致的。

另外，个体的差异很大，不同的人，抑郁的产生原因也是不同的，所以要一人一议。

总体来说，少不了这些原因的范畴：

遗传因素：抑郁有一定的遗传概率，上一代的抑郁基因遗传给下一代，在遇到打击性、创伤性事件后，更容易遭遇抑郁困扰。

外部因素：外部的压力性事件、创伤性事件、意外打击、经常长时间努力也无法做到的事件都会成为重要的压力源，使得个体无法按照以往的经验处理，超出了自身问题解决的范围，会导致无助，失去控制感，从而被动消极，回避性行为增多，甚至放弃。

内部因素：个体的敏感素质、性格特质、归因方式、情绪调控能力等。有问题不表达，喜欢自己消化吸收，局限于认知的层次，很多问题看不通、想不透，总觉得"为什么这样？凭什么是我付出？我吃亏？"等，内心就会失去平衡，这些过多思虑得不到疏解，就会积累下来，形成郁结。

生活中充满了无数具有挑战的情境、事件和人际关系，需要我们不断面对挑战，解决一个又一个问题，谁也无法保证每次都能顺利解决问题，让一切生活尽在掌控。

所以，对于抑郁，预防重于治疗。

为了能够预防抑郁，需要及时识别抑郁产生的诱发因素，如果发现生活中出现高度吻合的情形，可以及早调整、改变。

下面的抑郁诱发因素评估问卷来自柯克·斯特罗萨尔、帕特里夏·罗宾逊的《拥抱你的抑郁情绪》，可供参考。

抑郁症诱发因素评估问卷

请阅读下面的抑郁症诱发因素评估问卷，找到符合你情况的内容，按照10个等级评分，1表示问题很小，10表示问题很大。在最右栏，填写诱发因素是最近出现的还是已经存在很长时间。

诱发情境	评分（1—10）	持续时间（近期或早期发生）
我和生活伴侣的关系并不尽如人意		
空闲时我不知道怎么玩		
我身体非常疼痛，健康状况堪忧		
我在工作中得不到任何激励		
我正在花费大量时间和精力看护慢性病患者		
我对自己照顾身体的方式感觉不好		
我对自己前些年做过的事情感到后悔		
我睡眠不足，经常感到疲倦		
我缺乏精神方面的修炼		
我认为朋友们让我失望或者利用了我		
我与孩子、兄弟姐妹或父母关系疏远 经常发生冲突		
我在童年的虐待和创伤记忆中挣扎		
我比预想的更频繁地使用毒品、酒精或烟草		
我在家庭里或工作中承受着很大的压力		

诱发情境	评分（1—10）	持续时间（近期或早期发生）
我很担心钱不够用		
我遭受伴侣的身体虐待或情感虐待		

通过这个问卷，可以帮助自己或家人评估抑郁风险水平，如果遭遇令人痛苦的问题越多，风险越大；问题出现的时间越长，风险越大。

抑郁是可防可控的，只要增强认识，增强预防意识，就可以应对可能的抑郁问题。

找到内心的力量

抑郁了，能好吗？

当然，抑郁是一种情绪，情绪会来，也会走。

负面情绪就像天上的乌云，遮天蔽日时，让你感到生活无望，没有阳光，没有乐趣，甚至没有活下去的意义。可是乌云再厚重，也无法遮住太阳的光芒，等乌云散去之后，太阳依然能够光照大地。

所以，当抑郁的乌云遮住了你生活的天空，给你造成生活一片黑暗的假象时，请相信太阳的光芒和力量，努力撕开一点点口子，让阳光泻下，然后再一点一点，让阳光更多的穿透乌云，最后驱走乌云的黑暗。

这是完全可以的。

现代精神医学将抑郁症诊断为精神疾病，首选药物治疗，也起到了很好的疗效。可是，心病需要心药医，药物治疗治标不治本，仅仅是从外部消除相关症状，提升情绪状态，难以维持持久。而心理治疗就像中医，从整体的角度"扶正驱邪"，帮助来访者找到内心的阳光，提升内在的力量，然后驱走笼罩的乌云，找回丢失的快乐。

抑郁是生活中出现的一个重要信号，告诉自己生活出现了自己应用以往的应对方式无法处理的问题，提醒我们需要改变。只要积极地调整心态，改变认知，完全可以走出抑郁的阴霾。

分享一个积极心理学的方法，可以帮助人们转换思维，找回内心的能量——找到自己的优势和特长。

有一次咨询遇到一位大二的男生，瘦小的个子，说自己很自卑，不敢与人交往，没有什么特长。我给他布置了作业，回去写下自己的二十条以上的优点。他很为难，他说老师我没有优点。

我问他会不会欺骗别人来获取自己的利益？

他说不会，他几乎不会骗别人，

我说那就是诚实的品质；

我问他会不会做伤害别人或做危害别人的事？

他说不会，我说那就是善良；

我接着问如果有同学需要帮助，他会不会施加援手？

他说会，他经常帮助身边需要帮助的人。

我说那就是乐于助人。

就这样，在咨询结束之前，我们已经找到了五六个优点，他的眼中也开始出现光芒。

第二次咨询，他整个人的状态已经完全不一样了，带过来一个新本子，认认真真的写下了三十条优点。等他找到自己的优点，并且发现原来自己的优点真的很多的时候，内心的力量也就慢慢找回了，自信有了，阳光开始散发光芒的时候，乌云也就慢慢消散了。

找到自己二十条以上的优点，是积极心理学的重要方法，也是我们在临床中经常使用的方法，能起到很好的效果。

如果你或身边的人也陷入了抑郁的泥潭，丢失了内心的力量，觉得自己一无是处，没有价值，没有优点，没有人需要，可以静下心来盘点自己的优点，你也能找到不少于二十个优点，当然越多越好，这就是你自己的宝藏。

找到后，贴在床头，或贴在书桌边，每天提醒自己，"我真的很不错！"

被抑郁找上门是件很痛苦的事。

有些人对抑郁有很多误解，认为不就是心情不好，找理由不上学，或者找借口不工作吗？这种不理解或冷嘲热讽会更加重对方的抑郁体验。因为长时间的抑郁会改变大脑的神经回路，使之习惯性地采取消极应对方式，从而深陷抑郁的痛苦中无法自拔。

练习自我关怀

练习自我关怀，是超越抑郁，重启生活的重要方法。

自我关怀是温柔仁慈地对待自己。

克里斯汀·内夫认为："自我关怀是对自己的苦难保持开放的态度，体验到对自己的关爱和仁慈，对自己的不足和失败要理解和非批判，认识到自己的感受是人类经验的一部分。"

高水平的自我关怀者更喜欢了解自己，而不关心获得他人认可，他们不害怕自己犯错误。

自我关怀可以让自己以积极的方式应对生活问题，减少消极心理体验，提高心理健康水平，减少慢性疾病体验。

自我关怀需要经常练习，以改变大脑的消极神经网络，增强大脑积极神经网络。

当感觉到痛苦时，学会有意识地善待自己，包容自己的缺点，对自己不喜欢的方面保持耐心。

失败和痛苦是人生的常态，是每个人都需要经历的。这个世界充满苦难，而我们是这个世界的一部分。所以，如果你感觉到痛苦，说明你是人类世界的一部分。

承认并接纳痛苦。

真正的痛苦，是对自己的不接纳。好像所有人都可以失败，可以痛苦，可以抑郁，但是我不可以！

对痛苦的抗拒，才是真正痛苦的来源。

要认识到，自己和其他人一样，都会经常处于痛苦中，因为无常是有常。

所以，当自己感觉到痛苦时，需要承认它、接纳它、观察它、体验它，对自己说："我正在受苦，这将会改变；我正在承受痛苦，和很多人一样"，当接纳痛苦时，也是在疏散和释放痛苦，当不与痛苦抗争，只是开放地接纳和观察时，痛苦也就慢慢消散了。

　　世界本来就是无常，真正的不变就是变化，当我们能够拥抱世界的无常，环境的变化，就能轻松地融入变动不居的环境中。有人把这称为"觉悟"。

　　每天练习自我关怀，让自己的内心体验到温暖和仁慈，可以每天告诉自己：当我今天经历痛苦时，我认可痛苦的时刻。

　　我会提醒自己，苦难是人类的一部分。

　　在这痛苦的时刻，我善待自己和他人。

　　畅销书作家张德芬曾经分享了自我关怀的步骤，可以参考：

　　第一步：观察自己。看到自己的不舒服，接受自己的不舒服与外在刺激无关的事实，试着去看见：这是你内在的旧伤或情结被触动了。

　　第二步：自我对话。告诉自己，这个不舒服的体验是让自己更加了解自己的必经之路。它没有对错，不需要去拒绝或否认。它出现的目的不是给你设置阻碍，而是让你更好地了解自己，以帮助你成长。

　　第三步：慈悲地关照自己。觉察自己身体的哪些部位有紧绷或不舒服的感觉，把呼吸轻柔而慈悲地带到那里，轻轻地安抚它。

　　第四步：与不舒服的感觉共处。通过自我关怀和安抚，把不舒服的感觉全部包容在自己的体验里，不去批判或压抑，只是温柔和慈悲地关照它。

　　练习自我关怀的另一个方法是，给自己祝福。

　　每天花点时间和自己在一起，慢慢地、轻柔地重复每个短语：

　　祝我安全、祝我身体健康、祝我心理健康、祝我活得舒适。

　　当你遭遇到生活中不可避免的挫折时，记得提醒自己，所有人都有缺点，所有人都会体验到痛苦，你只是人类中的一员，在痛苦中，你并不孤独。然后不断地给予自己关怀、安抚和仁慈，让自己能够转变自我体验，软化自我批判，增强大脑中的积极情绪体验。

做自己的观察者

观察是指能够单纯的注意到身体内部和外部发生的事情，身体内部的变化如感受、想法、情绪、记忆，身体外部的变化如声音、景象、颜色、气味或他人的活动等。

回想一下，你什么时候能够集中注意力观察自己或身边发生的一切？在公园，你是否看到树叶颜色的变化，风摇动树木的舞姿；听到小鸟的啼鸣，河水的流动；闻到空气中潮湿的味道，早晨新鲜的气息？你是否感到寒冷、平和或愉快？

当你能够将注意力放在自己或身边的事物时，就是回归了当下，体验当下，并活在当下。

孩子一般都是活在当下的，他们全身心地投入当下的玩乐中，不会想他昨天没玩什么，或明天他要玩什么。并且，孩子有极强的灵活性与转换能力，即使刚刚哭得撕心裂肺，如果一下发现新的乐趣点，就嘻嘻笑着去玩乐，去体验。

而成人，可能需要很长时间才能从刚才的痛苦体验中转换出来。

所以，成人可以向孩子们学习活在当下的能力，培养自己的正念。

正念越多，负念就越少，这是此消彼长的过程。

抑郁经常倾向于注意消极信息和消极体验，而忽视或无视积极信息，无法体验到积极感受。

抑郁者的视角往往是参与者的视角，经常深陷于自己的体验不能自拔，反复思虑、自怨自怜、郁闷哀叹、批评自责等。

学会抽身出来，做自己的观察者，看到自己身上发生的事情。

举个例子让大家能更理解参与者视角和观察者视角。

带着孩子去游乐园的时候，我们会全程看着孩子，看着孩子去玩滑梯、荡秋千、玩海盗船，或坐过山车，这个时候，我们就是观察者的视角。

如果和孩子一起参与活动，一起玩滑梯、荡秋千，或坐过山车，这个时候，我们就是参与者的视角。

以一个观察者的视角，去观察自己身上和身边发生的事，就像拿着相机扫描一遍，看看都有什么。

大部分人的内部观察和外部观察能力有所不同，你可能发现你很容易观察自己的身体感受，却难以观察头脑内出现的想法、记忆或情绪；你有时候能注意到环境的变化，如声音、颜色，有时候更关注内部变化；观察能力可能与环境的变化有关，如在商场更倾向于观察外部变化，而晚上自己躺在床上时，更容易注意内部感受。

做自己的观察者，集中注意于当下的事件、感觉，只是注意到痛苦的情绪、消极的想法或痛苦的回忆，一个观察者的视角看着它们，它们会来，也会走。所以，只是看着它们就好，不要被它们牵制。

保持观察者视角，可以更好地跟自己联结，了解到自己的身体内部和外部发生了什么。

下面的这个观察问卷，可以帮助你更好地了解自己的观察视角，如果能好好体会这些题目，并试着根据题目的提示去留意观察，就可以很好的提升自己的观察能力，让自己更好地关注于当下，聚焦于当下，并获得当下的力量。

请用 1—5 等级进行评分，1 从不或极少数时间这样，2 不经常，3 有时这样，有时不这样，4 经常，5 非常频繁或一直这样。

题目	得分
1. 在行走时，我会有意关注身体部位在行进中的感觉	1 2 3 4 5
2. 在洗澡时，我留心于水流过身体的感觉	1 2 3 4 5
3. 我留意到事物是如何影响着我的想法、身体的感觉和情绪的	1 2 3 4 5
4. 我会注意到我的一些感觉，比如，微风吹拂我的头发、阳光照在我的脸上的感觉	1 2 3 4 5
5. 我会注意一些声音，比如，时钟的滴答声、小鸟的叽喳声或汽车穿梭的声音	1 2 3 4 5
6. 我闻到了周围一些东西的气味或芳香	1 2 3 4 5

题目	得分
7. 我注意到了艺术品和自然界中事物的一些视觉元素，如颜色、形状、纹理，还有光和影子	1 2 3 4 5
8. 我会去注意，我的情绪是如何影响我的想法和行为的	1 2 3 4 5
观察得分	

　　问卷内容来自《拥抱你的抑郁情绪》，柯克·斯特罗萨尔，帕特里夏·罗宾逊著，仅供参考。

打破消极情绪循环

抑郁是一种消极情绪的循环，要想打破抑郁循环，需要建立积极的生活方式，形成积极情绪循环。

积极情绪循环就像一个心理防护盾，可以预防抑郁的"敲门"。

有时候，积极情绪不会自动到来，需要做些事情，激活大脑中积极情绪的反馈回路，通过有意识地采取一些行动，让自己体验到舒心和愉悦。这些积极的情绪体验，就会形成一个积极体验资源库，就像存入银行中的积极情绪账户一样，成为稳定的情绪应对资源。

牛顿提出的惯性原理，在情绪管理中依然适用。

抑郁的产生是因为形成了消极情绪循环。

大脑形成了一种惯性，一遇到事情，就只看到硬币的反面，而屏蔽了硬币的正面。有意识地练习积极情绪，可以帮助大脑换一种思路，看到原来硬币是两面的，不是只有消极的一面，还有积极的一面。

任何事物都是正反两面、辩证统一的。

老子在《道德经》里讲道"天下皆知美之为美，斯恶矣；皆知善之为善，斯不善矣；有无相生，难易相成"，没有丑，就不会有美的体验，没有恶，哪知道这是善呢？所以，人们之所以有抑郁或痛苦的体验，是因为曾经体验过快乐或幸福，而这些就是被忽视或屏蔽的积极情绪资源。

将硬币反过来，有意识地关注另一面，不断提升积极情绪资源，开发和扩充积极资源账户，让自己有足够应对生活压力和消极情绪的能量。

积极情绪和消极情绪是此消彼长的。

积极情绪多一些，消极情绪就会少一些。

打破消极情绪的惯性，就需要有意识地练习积极情绪产生的策略。当然这并不容易，想象一下，本来一艘巨轮依靠惯性力量朝前行驶，但是眼看要撞上冰山了，要马上掉头，这是很难的。就像被称为"永不沉没"之船——泰坦尼克号，在其首航时遇到冰山，因为距离太近了，想迅速转头已为时已晚，不可避免地与冰川亲密接触了。

　　所以，不要等到撞冰山再想着掉头，提前储备足够的积极情绪资源，以防患于未然。

积极情绪体验

如何更好地激活积极情绪体验？

1. 保持正念

正念是指无评判的关注当下，只是单纯的体验生活本身，不念过往，不惧将来。现在的时刻才是最重要的。过去的已经是历史，成为既成事实，无论如何反刍，过去的时间依然不会回来，对过去最好的态度是接纳和臣服。

不要热切地期盼未来，认为"熬过了这一关就好了，考上高中就好了，考上大学就好了，考上研究生就好了，找到工作就好了"，过来人会告诉你，未来并不像想象的那样。等到了未来，你就会发现生活本来就一个问题接着一个问题，一个难关接着一个难关，如果过每一关都像受难，那人生不过是受难的连续体。所以，只有现在是能把握的，现在的一分一秒组成了我们的未来，关注当下的一分一秒，把心放在今天，就会一步步地走到明天。

"念"这个字特别有意思，就是"今天的心"，把今天放在心上，当下即未来。

2. 重新赋予意义

每个事件都有正反两面，当看到事物的消极面时，就会产生伤心、失望等消极情绪。换一种思路，看到事物的积极面，重新赋予积极的意义，就会体验到积极的情绪和情感。我经常讲到老太太哭泣的故事。

从前有个老太太，有两个女儿，大女儿卖伞，二女儿卖鞋。老太太天天坐在门口哭泣，天晴的时候，她担心大女儿的伞卖不出去；下雨的时候，她担心二女儿的鞋子卖不出去。有一天路过的和尚了解事情的缘由之后，就跟老太太说，你想想下雨天的时候，大女儿的伞会卖得很好；晴天的时候，二女儿的鞋会卖得很好，这样不就不一样了？老太太一想也是，于是整天开开心心了。

3. 学会品味生活

慢下来，花点时间，有意识地、专注地体验生活中的正向事件，真正品味当下的快乐。关注"小确幸"，有意识地记住与回忆积极时刻和积极事件，并像品尝美味佳肴一样，慢慢品味，会将积极情绪体验扩大。研究发现，在生活中品味积极时刻，会扩大觉察，抑制消极神经网络，减少压力反应。尝试着列出能够产生积极情绪的积极活动清单，每天去做几件能够引发积极情绪的积极活动，并沉浸其中，就会越来越多地感受到愉悦。

积极情绪循环需要积极行动构建，行动起来，专注于当下，保持正念，重新赋予生活不同的意义，看到事物的积极面，并学会品味生活。

当形成了积极情绪循环，就有了较好的抑郁免疫力了。

现在最重要

有一天和姑娘出去散步，忽然兴起，问姑娘，"过去、现在和未来，哪个最重要？"

姑娘说："当然是现在最重要！"

"为什么呢"

"因为现在是正在过的呀。"

当下感慨于姑娘的灵性。

我们经常沉湎于过去的种种，想起曾经的不足和缺憾，内心充满了自责、愧疚或悔恨；也经常担忧着未来，内心充满了焦虑。然而，过去的已经过去了，那是事实，谁也无法改变，未来的还没有来，再如何担忧，也无法一步穿越。

事情没有发生，担忧何用？

事情已经发生了，有什么可担忧的呢？

而现在，却是实实在在的一分一秒。

我也会经常因做错事而自责。当自责心升起时，我想到这已经是过去的事，对于过去发生的事，最好的态度是接受既成事实，可以反思其中的经验教训，以指导后续的工作，但不要留滞于过去。

有一次朋友咨询说她上初二的儿子成绩一直提不上去，不知该怎么办，后悔没有从小好好培养。

后悔不能使得孩子的成绩改进，不良情绪反而会影响孩子。明智的做法是分析孩子当下的状况，怎样做才能帮助孩子树立信心，提高兴趣，激发内在的潜能。

相信孩子，每个孩子都希望自己能够获得好成绩。

圣言法师说过八字箴言：面对，接受，处理，放下。

只有面对，才可能接受；

接受现实，才可能处理现实给予我们的考验，并从中总结经验教训，才能真正放下。

泰戈尔在诗中说："如果你因为错过太阳而流泪，那么你也将错过星星。"

桌上的沙漏又一次漏尽最后一粒沙，时光不会为任何人任何事留驻，过去的时光不会再回来，未来的时光还未来，将一颗平和安静的心安住在当下，珍惜当下飘过的每一片雪花，每一片杏叶，每一个微笑……

因为，现在才是最重要的。

拥抱压力

正念是有意识的、不予评判的，专注于当下，这种专注使我们对当下的感知更清明。正念是一种自我觉知的方式，通过系统的自我观察，自我探索以及有意识的自我关照，使自己更好地把握自己。

找到内心的佛性，唤醒内在的觉知，领悟自己的本性。

不知你是否意识到，自己的大脑无时无刻不在运转，而我们几乎总是忙忙碌碌，奔波不停。一个问题解决了，接着还会有下一个问题，总是希望自己能做得更多更好，几乎没给自己留下任何的空间，稍微去体验一下活着的感觉，所以普遍的压力感是生活的常态。

我们要明白，压力是生活的一部分，如影随形，无法避免，那不如就拥抱压力，接纳压力，与压力和平共处。

如果我们能够不断增强正念，增加心力，乐于拥抱压力，就可以从压力中获取力量，并从一次次压力应对中变坚强。

我们的很多做法通常是被压力裹挟着前进，而并不是自己主动自发做出的行为。在这洪流中，我们甚至都没有仔细去看一看，它要带我们去什么地方，它要带我们去的地方是不是我们真正想要去的地方。

往往有时候，等自己意识到的时候，就已经走出很远了。

保持对生命意识的觉知和对此刻的觉醒是非常重要的，时时地问问自己，我此刻清醒吗？我在想什么，在做什么。

正念练习可能无法帮我们去除压力，但是可以让我们内心清明，头脑清醒，更好地看清压力是什么，来自哪里，用什么样的方式才能更好地应对。

每天抽出一点时间进行正念练习吧，它可以帮你更清楚地意识到当下：此刻你正在做什么？什么对你来说是最重要的。

在正念练习的时候，想象自己的内心像一个湖面，湖面上总会有波纹，可能是微风吹起的一层层涟漪，可能是石子投入湖面引发的圆波，也可能是大的石头溅起的水花。这些石子可能是某个事件、某个思绪，也可能是某种情绪。是的，湖面总是很难静止如镜，它总是会有层层的涟漪升起，不过没有关系，这就像我们生活中的压力，它经常影响我们的生活，在我们的内心激起层层涟漪，这都是生活当中必须面对的一部分。

正念冥想，并不能去压制这些风浪，但是通过正念的作用，可以让你的内心慢慢平静下来，只有静下来，才能够让内心的风停止，才能平息层层涟漪，或朵朵浪花。

你无法遏制波浪，但你可以学会冲浪。

试一试：

在一天中不时抽时间停下来，坐下感受自己的呼吸，你可以抽5分钟甚至几秒钟，放下一切，充分拥抱当下，包括你的感受和认知。不要试图改变什么，只需要呼吸，无拘无束，顺其自然，放下那种想让此刻有所不同的念头，在这一刻保持它的本原状态。然后沿着自己的内心真实的方向，清晰而坚定的前进。

焦虑是一种选择

焦虑可以说是很多人的情绪底色。

有时候，焦虑会从眼鼻口中满溢出来，一言一行、一呼一吸都有着焦虑的色彩。

如果问，焦虑是什么颜色的？一定是满满的灰色。这种灰色，笼罩着生命的全部，让我们无法自由呼吸。

即使呼吸，也有很多情绪霾。

最常见的焦虑之一是家长对孩子的焦虑。往往家长焦虑得不行，担心孩子考不上高中，考不上大学，将来无法拥有更好的生活。而孩子，一脸无所谓，也根本不担心自己考不上高中的事。

孩子不焦虑，光家长焦虑有什么用呢？

还有一种常见焦虑是评价焦虑。不管走到哪儿，总觉得好多双眼睛看着自己，关注着自己的一言一行，导致自己的一举一动都很不自在。过多的注意力放在了别人身上，而忘了自己真正要做的是什么。

每个人最在乎的只有自己，别人没有那么多时间和精力关注你。

对学生来说，考试焦虑可以说是最常见。尤其是考试前的两三周，看到那么多需要复习的内容，而自己却觉得都很陌生的时候，常觉得心烦闹心，恨不得一天 48 小时才好。

平时不努力，临时抱佛脚，佛也会觉得焦虑皆自求。

焦虑是自己的选择。

如果不过度干涉孩子的课题，不过度关注他人的看法，不过分放纵平时的学习，不过分的担忧和恐惧未来的事件，只是专注于自己的志向，朝着自己的目标努力前行时，又有什么理由焦虑呢？

春天来了，我们需要的是耕耘土地，而不是担心秋天不能收获。

如果感觉的焦虑升起，需要首先觉察到自己的焦虑，试着看看自己的身体，哪些部分紧张起来了。研究发现，如果身体放松，心理也会跟着放松了，所以，在心理咨询中放松疗法是常用的缓解焦虑的方法。

可以应用肌肉放松法、呼吸放松法、想象放松法等，让自己的身体紧绷的部位松弛下来，直到全身放松、舒适为止。

然后想一想，焦虑升起的当时，自己在想什么，担心什么，害怕什么，想控制什么？

分析焦虑产生的原因，焦虑往往与面对什么处境无关，而与自己的认识、看法、信念有关。

当焦虑产生时，是否选择焦虑，全看自己当下的觉知。

焦虑如何应对？

1. 觉察焦虑。每次感到自己焦虑的时候，觉察自己的身体，感受一下自己身体的哪个部位不舒适，

2. 平缓紧张。用深呼吸的方式，把气息带到那个部位，直到那个部位放松，舒适为止。

3. 反思焦虑。焦虑升起的当时，自己在想什么？担心什么？害怕什么？想控制什么？

4. 检视原因。反思焦虑的产生之后，分析焦虑产生的内在原因和外在原因，以提升焦虑应对能力。

当焦虑产生时，是否选择焦虑，全看自己当下的觉知。

外在的一切，都是内心的投射。

安心的学问

洛克菲勒曾说过，如果把他扔到沙漠里，不名一文，只要有一支驼队经过，他依然能够使成为世界富豪。

冯小刚拍的电影《一九四二》中的地主说，"我知道怎么从一个穷人变成财主，不出十年，你大爷我还是东家"。

一个师弟说起当年去北京闯荡时，他父亲说没关系，如果你全部败光了，就回家来，我养你。

这些都是底气，都是内心的安全感，就像厚厚的心理棉垫子，这些安全感是他们朝着自己的目标梦想勇往直前的基础，不怕犯错，不怕失败，不怕触底，因为有个厚厚的棉垫子托底，不怕摔疼。

这个棉垫子来自自己的能力、水平、知识、素养，也同样来自亲人的完全接纳。

有个来访，说生活无趣味，不知道活着有什么价值和意义，后来她妈妈说，只要活着，哪怕什么都不做，只要活着，这是对她们最大的意义，于是她撑了下来。

孩子小的时候，有个典型的表现，就是如果父母在身边，他可以自在地去玩各种游戏。假设妈妈突然离开，即使再有意思的游戏和玩具，孩子也会哭着离开去找妈妈。

安全感的需要是底层的需要。每个人都需要有足够的安全感，才能够将自己的大楼建得越来越高。

有时候人的恐惧，是内心的不安，这种不安是对死亡，对人际关系，对衰老，对生病的不安。担心一夜回到解放前，担心突然破产，担心找不到工作，担心失业，担心找不到伴侣，担心重大疾病，一贫如洗，担心孩子考不上好大学，担心考不上好高中……

人的心容易不安，人的心总是容易害怕，容易担心，要时时地安慰自己的心，告诉自己一切都会好的。

一个人去拜见大师，跟大师说，求求你帮我安心吧，大师说："好的，你把心拿过来，我帮你安。"

谁能帮他安心？心在他自己的心里。

无有恐惧，心无挂碍。这些担忧、恐惧，都是给内心带来的负累，让心不能安住于当下，无法活泼自在的跳动。

安心的学问是知道在将心安住于当下，告诉自己它在那里。

首先，接纳担忧和不安。"人无远虑，必有近忧"，诸多的担忧是人生之为人的必然，坦然接受这些担忧，明白自己内在真正的恐惧和关注是什么。那就是自己努力的方向。

其次，发扬自己的优点，获得别人抢不去的技术和能力。人工智能的时代，有越来越多的重复性的劳动，会被机器人所取代，这种危机感，会促使我们不断学习和提升，让我们有不可取代的能力。董宇辉说，无论在什么时候，充实自我，永不止学，才是人生正道。再多财富都有消亡的危机。但头脑里的内涵，骨子里的底蕴，永远不会背叛你。

再次，父母要给孩子足够的安全感，如果总是以一种恐吓的方式，让孩子心有不安，没法更好地把注意力集中于当下学习中，担忧会成为他心上的负累。

最后，有一点冒险精神，人生从头再来又会怎样？

心若在，梦就在，大不了从头再来。

情绪管理

情绪是人类重要的反馈机制，通过情绪我们可以知道自己的内在信念是什么。当感觉自己情绪升起的时候，马上问问自己，我在想什么，是什么让我产生了这样的感受和体验。不断地反思和关照自己，就会对自己更了解，更能够掌控自己的内在想法，从而更好地调节和控制自己的情绪。

情绪是反馈机制

情绪是人的天赋，是良好的反馈机制，有了情绪就让我们知道背后的思想是什么。所以关注自己的情绪，可以揪出背后的念头，然后转变念头。只要我们的念头转变了，情绪自然会转变。

当我们处于良好的感觉、有着良好的情绪状态的时候，说明我们的生活在正确的轨道上，我们有着和志向、目标相一致的生活状态。假如我们的感受是不好的，情绪是不良的，这个时候肯定是思想念头在不良的轨道上，及时停下来，反思什么念头引发了不良的状态，然后改变这些不良的念头。

合理情绪疗法的创始人艾利斯列出了 11 类不合理信念：

1. 在自己的生活环境中，每个人都需要得到其他重要人物的喜爱与赞扬。

2. 一个人必须能力十足，至少在某方面有才能、有成就，这样才是有价值的。

3. 有些人是坏的、卑劣的、邪恶的，他们应该受到严厉的谴责与惩罚。

4. 生活中出现不如意的事情时，就会有大难临头的感觉

5. 人的不快乐是外在因素引起的，人不能控制自己的痛苦与困惑。

6. 对可能（或不一定）发生的危险与可怕的事情，应该牢牢记在心头，随时顾虑到它会发生。

7. 对于困难与责任，逃避比面对要容易得多。

8. 一个人应该依赖他人，而且依赖一个比自己更强的人。

9. 一个人过去的经历是影响他目前行为的决定因素，而且这种影响是永远不可改变的。

10. 一个人应该关心别人的困难与情绪困扰，并为此感到不安与难过。

11. 碰到的每个问题都应该有一个正确而完美的解决办法，如果找不到这种完美的解决办法，那是莫大的不幸，真是糟糕透顶。

这 11 类不合理信念可以归结三个特征：

第一个是绝对化。它通常与"必须""应该"这类字眼连在一起。比如，"我一定要成功，我一定要成为人上人，我必须考满分，我必须考第一"等，如果做不到，就没有办法接受，内心就不平静。

第二个是以偏概全。如果某人一个缺点，就认为所有的都不对。这个特点类似于以一页观全书，以一树看森林。

第三个是糟糕至极。认为某一件事没有按照期望的发生，就是非常可怕的、非常糟糕的。比如，这一次期中考试没有考好，就可能考不上好大学，就找不到好工作，就没有好的生活，人生就是失败的——因为一次考试决定了一生。

真有期中考试成绩不理想就去跳楼的，这是典型的糟糕至极的念头起的作用。

不要说一次期中考试，就算是中考、高考，也不能够决定一个人的一生。因为人生有很多的机遇，也有很多的变化。

情绪这是思想的外显，通过外在的情绪反应，能够让我们顺藤摸瓜，找到内在的信念和思想，然后转念。前文介绍过多种转念的方法都可以借鉴，如拜伦的转念作业等。

如果用好情绪这个天赋，我们就能不断认识自己、发展自己、超越自己，创造人生的辉煌。

如果屏蔽了情感

AI 时代，人类区别于人工智能最大方面是人有情感、有丰富的共情能力，可是如果 AI 也学会了情感，或者人屏蔽了情感，那么 AI 和人类的区别还有多大？

最近《自然》旗下的《科学报告》刊登了一篇彭凯平研究团队关于 ChatGPT-4 出现的类情绪反应研究，研究分别启动了 ChatGPT-4 的恐惧反应和愉快反应，然后考查其决策的变化。结果发现，ChatGPT-4 在情绪激发之下出现了与人类相似的反应，即在恐惧情境下选项更保守，在快乐情境下更倾向于冒险。

当然，研究发现 ChatGPT-4 出现了类人的情绪反应，并不代表 ChatGPT-4 进化出了情绪能力，但是，却给我们一些思考和启示。

一谈到机器，总是会想到冰冷、刻板、程序、指令等词，说明机器与人的本质区别，在于机器没有情绪，没有感情。

可是，如果机器进化出情绪，而人类一步步泯灭了情感，世界会怎么样？

有部影片叫《老狐狸》，这个片名很有吸引力，什么样的人才能称为"老狐狸"呢？原来是足够狡猾的。老狐狸的晋升之道，除了足够狡猾，还需要泯灭人类基本的情感——共情能力。

如果人没有人性，还能称为人吗？

老狐狸是人们心目中成功的象征，豪宅、跑车、很多的钱和产业，可是，他幸福吗？

儿子也不希望成为他那样的人，远离他，客死他乡。

最后孤家寡人，住着豪宅，内心充满各种算计和利益。

他的成功哲学就是不要有同理心。

不要关心别人的疾苦，不要对他人的感受感同身受。

共情是人类天生的一种情绪感受能力。孟子说人有四端，恻隐之心，人皆有之，"所以谓人皆有不忍人之心者，今人乍见孺子将入于井，皆有怵惕恻隐之心……无恻隐之心，非人也。"不管是谁，见到一个小孩就要掉进井里了，很自然地会去救他，不是因为与孩子的父母有关，也不是想要获得什么名声，这是生而为人，最自然的共情反应。

而如果连这种共情能力都没有，还能称为人吗？

小主人公廖界虽然梦想着有自己的房子，渴盼着爸爸买上房子，也艳羡着老狐狸的成功与荣耀，但他有个温情的爸爸，善良、勤奋、能够感知他人疾苦，能够接受生活处境并不懈努力，一点点在孩子心中种上温情的种子，让他能够在成功之后，还能心系他人、关怀他人、共情他人，成为一个有人性的真正的人。

两个细节：一是爸爸在扔掉尖锐物时，会把尖头掰掉，包在纸壳后再扔掉，开始不明白是什么意思，后来儿子也做同样的事，并解释说，这样做的目的，是避免捡垃圾的人伤到手，这就是善良基因的传承。

二是爸爸在酒店工作，出门时随手把客人剩下的面食拿了一个，原来是给门口乞讨的人。自己衣食足，不忘对最底层人民的悲悯，这是人性的温暖光辉。

现代社会的经济发展，给青少年的价值观带来了太多冲击，为了目的不择手段，为了利益不顾亲情，为了享乐只看眼前，让人变得越来越没有人性，最后很可能会沦为名利的机器。

而人工智能正在一步步进化出人类的情感，未来的世界，又会产生怎样的大变革？人一生的最大的意义，就是变得更像一个人，更有人性，内心的灵魂更纯粹些。

三步习得乐观

你有没有过这样的经历，想做一件事，一直不成功，最后就放弃了，告诉自己本来就不是块料。

达不到目标，无法实现理想，会产生挫败感，挫败感积累多了，就会产生无助，怀疑其价值与意义，进而怀疑自我，怀疑人生。

抑郁情绪自然就产生。

无助是习得的。

如果总是达不到目标，无法完成任务，就会不断地体验挫折感，积累失败情绪，从而产生犹疑，最后习得性无助。

习得性无助之后，很容易陷入抑郁的沼泽里无法自拔。

抑郁的典型状态是：我不行，我做不到，我很伤心，我很难过，我就不是那个料，我干什么都不行，做什么都没有兴趣，什么也不相干，我活着有什么价值，有什么意义？

巴尔扎克说，苦难是弱者的深渊，是强者的垫脚石。

爱迪生为了研究适合做灯丝的材料，实验了 2000 多次，尝试了 1600 多种材料。

如果摔倒了 100 次，也要在 101 次爬起来。

说起来容易，做起来却并不容易。

所以，能发明电灯的是爱迪生，他即使尝试 2000 次都失败了，还会进行 2001 次。

当然，他把这些常人看成的失败，给予另外的解读，他不认为这是失败，他说他只是走了 2000 多步，知道了 1600 多种材料不合适做灯丝。

无助是后天习得的，像爱迪生这样的乐观主义精神也是可以学习的。

乐观是积极的生活态度，是对事物的发展充满信心。

塞利格曼曾写过一本书，叫《学习乐观》，他认为无助感和悲观是学习得来的，希望与乐观同样可以通过学习获得。

如何习得乐观?

首先,保持觉察,对自己的思想和行为进行反思,意识到这又是自己的悲观的解释方式。

其次,改变态度,改变看待事物的方式,改变悲观的解释方式,从积极的角度看待问题。

最后,应用积极的解释方式,形成乐观思维,不断体验愉悦和乐趣。

稻盛和夫说,人生的道路都是由心来描绘的,无论自己处于多么严酷的境遇中,心头都不应为悲观的思想所萦绕。

学习乐观,永远保持乐观,增强勇气,多欢笑,保持愉快心情。

走出创伤，投入生活

从前有个小女孩，在父母的宠爱下，天真烂漫地生活着。可是突然有一天，老天带走了妈妈，她的生活陷入了阴霾，爸爸成为她唯一的依靠；爸爸想再给她找个妈妈。两年后，继母进门了。表面上的和睦，并没有给小女孩带来多少的温暖和幸福，反而是继母的偏心与苛刻，让她时时处于谨小慎微和哀怨自怜中。

小女孩长大后，不敢在公众场合表达自己，不敢自信的接受挑战和应对复杂的人际关系，也不敢和异性建立亲密关系。

她认为自己是不幸的、无助的、自卑的和不被爱的。

这是现代版的灰姑娘的故事，但是没有水晶鞋和高富帅的王子。

弗洛伊德认为，童年创伤是成年后神经性官能症的主要来源，如果童年时受到很多不良对待，成年后更易遭受焦虑、抑郁、神经衰弱等的困扰。

但是，阿德勒否认童年创伤的存在，认为过去的经历并不能定义你，你对过去经历的看法，是真正的决定自己的因素。

过去的经历，只能说明你有过怎样的经历，但不能决定你是谁。

不管遇到什么样的事，不论处于怎样的境遇中，你依然有选择的自由。

过去的经历无法改变，但是，怎样看待过去的经历，却是自己可以选择的，你如何看待这些过去，就影响到了你的现在以及未来。

你觉得生活是不幸的，妈妈离开，后母虐待，老天不公，社会不平，那么你就会一直生活在哀怨、愤怒和痛苦中，因为这些事件，都是自己无法控制，也无法改变的。

但是，如果你把这些当作生活给自己的一个又一个课题，是让自己从中学到什么，或收获什么，心境就完全不一样了。

是的，生活总是给予太多意外或不幸，这是人力所不能控制的，但是这些意外背后都潜藏着礼物。如果我们被这些意外迷惑了，就找不到背后的礼物。

发生了一些不愉快的事情时，我们总是会想：

为什么这些事会发生在我身上？为什么是我？

为什么不是你呢？

痛苦是生活的常态，是人类的共性。可是人趋乐避苦的本性，使我们觉得，痛苦的事件可以发生，但不要在我身上。

据说，80%以上的人在童年时都会有或大或小的创伤，即使是幸福的家庭，也难以避免有创伤的体验。所以，童年有不良经历是一个大概率事件。

如果因为童年时的不良经历，就将自己定义在受害者的角色里寻求暂时的安慰，是给自己找借口。逃避可能使得问题暂时缓解，暂时地逃避责任，把责任归咎于社会或他人，给自己提供虚假的喘息机会，但是长久来看，会给生活带来更大的麻烦。

越逃避，越痛苦。

生活给了我们很多束缚，表面上看，这些束缚是现实的、物质的、人际关系的，但是实际上，这些束缚是心灵的、精神的。

我们需要放弃受害者心态带来的小获益，走出童年创伤，不要让童年创伤再继续伤害自己，把自己从过去中解放出来。

当我们选择用积极的心态回应所遭遇的不幸时，就会发现自己拥有的自由，也能把自己从受害者牢笼里释放出来。但是，心态不是万能的，仅凭我们的心态不能让我们过得更好，但是在好的心态下所采取的行动，却能够让我们过得更好。

如果你依然被过去经历所影响，可以多做做下面的练习，让自己慢慢走出过去的创伤，投入当下的生活。

那件事发生在那个时候，请活在当下。

请回想曾经遇到的影响较大创伤性事件，可以从童年有记忆时开始回想。

试着回想那个特定时刻，就像重新经历一次，你看到了什么？听到了什么？嗅到了什么？尝到了什么？身体在那一刻的感觉是怎样的？接着，描述现在的你是怎样的。看着过去那个时刻的年幼的或无助的你，握住那个时刻的自己的手，带领自己离开那个令人受伤的地方，离开过去，告诉自己，现在的体验，现在、当下最重要。

直面恐惧

一个夏天的午后，张女士在家洗衣服。丈夫上班还没回来，儿子上学住校，家里只有她一个人。住在小区东边的小蔡来敲门，张女士犹豫了一下，但还是打开了门。小蔡是丈夫的前同事，以前也有些来往，最近因为单位效益不好，下岗在家，她和丈夫时常接济他。小蔡进屋后转了一圈，说哥还没回来啊。张女士说还没到下班点。小蔡看到张女士穿着单薄的衣服，歹心起，想要强奸她。张女士吓坏了，赶紧跪下来哀求，求他别伤害自己，要什么都行。过了一会，小蔡放开了张女士，拿走了家里的十万元存款，要走了密码。张女士心想终于要走了，没想到小蔡走到门口又折回来，从厨房拿起菜刀连向张女士的头部、肩部、腹部砍了三刀，张女士顿时倒在血泊中。

张女士在丈夫回来后被送往医院，昏迷了21天后，张女士从死神手里挣脱出来，恢复了神智。小蔡也在逃跑了一个多月后，被送上法庭，判处15年监禁。

那次创伤让张女士的视神经受损，右眼视物非常模糊；左臂无力，活动不灵活。但更重要的，是开始对几乎所有人都产生戒备，不管是认识的、熟悉的、邻居还是朋友，都让她很紧张。很长一段时间，她都不能一个人待着。

他们搬去了另一个城市，所有人都避免提起那件事，避免让张女士再次受到创伤。

好像不提那件事，那件事就不存在一样。日子依然能够继续。

十五年后，在小蔡要被刑满释放之前，张女士的恐惧依然无法消除。她很害怕，于是在家人的劝说和陪伴下，寻求心理咨询的帮助。

她说，在这十五年来，都是胆战心惊地活着，简直不是人过的日子。

练习紧张，就会更紧张；练习恐惧，就会更恐惧；练习否认，就会否认更多的事实。

不要总说不能、不会，做不到，把眼光聚焦在能做到的事情上，去做能使自己开心和愉悦的事。

　　刻意练习幸福，练习使用自己的感官，看看自己正在看什么，听什么，闻什么，触摸什么，尝到了什么。练习让嘴角挂满微笑，当看到镜子里自己的笑容时，内心的坚冰也会逐渐融化了。

　　当把痛苦的感受关在门外之后，愉悦的感受也同时排除掉了。

　　头脑特工队里，小女孩的悲伤情绪出走后，快乐也再也回不来了。

　　接纳痛苦和悲伤，允许它们的存在，并充分地体验它，看看在痛苦和悲伤后面藏着什么神秘的礼物。

　　任何发生皆有利于我，不好的事情是来启发我的，好的事情是来滋养我的。

　　如无相欠，如何相见，

　　爱与恐惧无法共存，我们天生懂得爱，只是习得了恨。

　　不要再让恐惧占据你的生活。

体验悲伤

我们都喜欢快乐，不喜欢悲伤，然而悲伤这种情绪的存在，有其特殊的意义和价值。

《头脑特工队》用具象化的方式，把人的五种基本情绪快乐、悲伤、愤怒、厌恶、恐惧用五种颜色和个性的小人表示出来，上演了一场快乐保卫战，主角是乐乐和忧忧。

故事从一个名叫莱莉的小女孩开始讲起，从她出生后，头脑中就入住了五个情绪小人，负责头脑中的情绪记忆球，各个生活片段都储存在记忆球中，记录着孩子的每段成长。

小时候，莱莉的生活更多是快乐的记忆，生活阳光、明媚，有爱自己的父母，相互关心的朋友，和自己热爱的冰球队。

如果没有变化，也许莱莉会顺利长大。

可是，在 11 岁的时候，由于爸爸工作变动，举家搬到旧金山。离开了熟悉的环境和朋友，遇到了很多与自己的想象不一样的事，莱莉逐渐变得不高兴了。

尽管乐乐（Joy）很希望让莱莉重拾快乐，帮着莱莉回忆美好片段，但是忧忧（Sadness）总是出现，不自觉地触碰记忆球，或者触碰中枢控制系统，凡是她触碰过的记忆球，都会变成蓝色，让莱莉变得感伤、抑郁、难过、流泪。

为了让莱莉重回快乐心情，大家一致驱逐忧忧，等忧忧哭着离开后，大家才发现，悲伤走了，快乐也不在了。

难过的莱莉，偷偷拿了妈妈的钱，决定回到以前的家。

以前的家是一种象征，象征着以前的舒适和美好。

一向快乐、坚强、乐观的乐乐在遗忘库里，无论怎么努力也爬不出去的时候，非常无助，难过得大哭。她拿出极力保护的核心记忆球，看着莱莉的过往，有一幕是莱莉在冰球队失利，想要退出的时候，独自坐在树上，体验悲伤，爸爸妈妈过来安慰她。后来冰球队的小伙伴过来陪伴她，让她重拾快乐。这时乐乐突然明白，悲伤原来还有其独特的意义。因为悲伤，小女孩得到了家人和朋友更多的关怀、理解和支持。

于是乐乐重新找回忧忧，经过一番曲折，重回大脑的中枢控制系统，让忧忧把蓝色记忆球放入莱莉的回忆，允许莱莉有蓝色的悲伤。

这时莱莉已经独自坐上了回明尼苏达的车。

莱莉感受到了悲伤，突然叫停车，跑回了家，回到焦急等待的爸爸妈妈身边。莱莉向爸妈诉说了自己的悲伤，说自己多么想念以前的家，"你们都希望我快乐，可是我真的很难过"。

听莱莉这么说，爸爸说他也很想念以前的家，妈妈说她也想念以前的种种。

莱莉得到了充分的共情、关怀和理解，释放了自己的悲伤，让自己的快乐重新执掌控制权，开始逐渐融入新的班级、新的冰球队。

悲伤在经过世代进化后，依然被保留了下来，说明悲伤有其存在的价值和意义。归纳一下，悲伤的作用至少有以下三点：

第一，悲伤是人类的权力。人生不如意事十之八九，遇到不如意的事，允许悲伤，也需要悲伤。当释放了悲伤，才能给快乐的情绪腾出空间。

第二，悲伤是人类的能力。人在悲伤时，更能体会不如意人的心境，有更强的共情能力。就像小象 Bing Bang 的小车被垃圾车运送到遗忘库之后，Bing Bang 难过得大哭，乐乐对此束手无策，但是忧忧给予的共情理解，却使得 Bing Bang 好了起来。研究也发现，悲伤的人比快乐的人普遍来说更具有同理心，具有更好的共情能力，更能够懂得和体会他人的痛苦。

第三，悲伤是人类的报警器。人感受到悲伤后，知道有些事情是自己无法达到或实现的，让自己更清楚地认识自己，明白自己的能力边界。经过悲伤后，反思自己，汲取经验教训，从而更好地成长。

所以，不要排斥或驱逐悲伤，如果悲伤不在了，快乐也会消失。

接纳悲伤，允许它的存在，并充分体验它，看看在悲伤后面藏着什么神秘的礼物。

学着与悲伤共存，不要急着去做什么事来冲淡它、回避它，或者改变它，这是你的感觉，静静地感受它，听听它告诉你什么。

允许自己产生各种感受，让那些感受像风一样，自来自去。

下面的练习，可以让我们更好地体验感受：

　　每天找一段时间安静地坐下来，闭上眼睛，深呼吸三次，然后观察和感受自己的感受，试着与你的感受共处，感觉一下那个感受是热的、还是冷的，是紧张的还是放松的，是喜悦的还是痛苦的？是焦躁的还是压抑的？什么都不用做，只是观察，并感受身体的感觉，然后把注意力带到有感觉的部位，深呼吸，把呼吸带过去，静静地感受着，看着感受的变化，它是怎样改变，又是怎样消散的。

走出内疚

内疚（guilty）是指在心里对某件事或某个人感到惭愧而不安的一种心情。内疚者往往认为事情的发生是自己的错，是自己的原因导致了不良后果，因此自责、自罪，并产生深深的内疚感。

内疚感的产生是个人良知的结果，说明自己的道德感较好，道德良知告诉自己，

事情的发生自己是有责任的。这与弗洛伊德讲的超我的作业很像。孩子到5岁以后，逐渐发展出超我的部分，用来规范自我朝向道德、良心、理想自我的方向发展，如果违反了道德良知的方向，超我就会起到谴责作用，自责、内疚感从而产生。

没有人是不犯错的。

意识到自己的错误，从而产生懊悔和内疚，有利于自我反省，改正错误，以后不能再犯同样的错误了，这时候的懊悔和内疚是有利的。

在这儿还需要进一步区分懊悔和内疚。

懊悔和内疚是不一样的。

懊悔（Regret）是因为自己的过错而后悔，追悔莫及，觉得自己怎么能犯这样的错误呢，给自己和他人造成了不良后果。会产生惭愧心、羞耻心、追悔心。

《传习录》中有一段记录阳明先生的弟子薛侃经常懊悔。先生曰："悔悟是去病之药，然以改之为贵。若留滞于中，则又因药发病。"悔恨是去病良药，但知道错误，要及时改正，不要让悔恨滞留心中，不然就会因药而病。

以前在附院给抑郁症患者做团体干预时，遇到一位阿姨，她说自己患抑郁症很多年了，经常不定时地去住院。沟通时了解到，她丈夫十多年前去世了，她非常后悔，说自己如果不那么忙，能照顾好丈夫，就不至于让他得病，不至于得病后还得不到很好的照顾。

这种深深的懊悔，产生了强烈的内疚情绪，不断地自责、自罪，将丈夫

的去世归因于自己的疏忽和过错，从而陷入深深的抑郁不能自拔。

懊悔和内疚都是内心产生的情绪，本来可以让人反思、改过，但如果自己不能疏通，滞留在心中，就会不断产生毒素，药物过量了也会中毒，让人"因药发病"了。

健康的内疚感是心灵的"报警器"，是良知的内核。阳明先生说，"悔者，善之端也，诚之复也。君子悔以迁于善；小人悔以不敢肆其恶"。阳明先生认为，懊悔是善的开端，是诚于己的表现。君子感到懊悔可以改错从善，小人感到懊悔可以停止作恶。

不要去跟神竞争，我们是人，也就意味着不是无所不能，不是一无是处，有了错误，承认错误，马上改正，不要让过多的内疚侵蚀自己的心灵，让自己一直生活在过去。

过去的自己确实有很多不足，但接纳自己的不完美，原谅自己的过错，圣人尚且有错，何况人乎？不贵无过，贵能改过。

小练习：

找一个安静的时间，安静的地点，可以试着和自己对话。

在你的自我对话中，是否出现"我应该""我不应该"，是否告诉自己"是我的错""是我不好""我不配得"等？用充满善意和爱的语言进行自我对话，替代带给你羞耻感和愧疚感的语言。每天早晨起床后，走到镜子面前，对自己说："我是有力量的""我是善良的""我是友好的"，亲亲自己的手背，对着镜子里的自己微笑着说："我爱你。"

走出内疚感牢笼

本太太看到儿子在看电视，非常地投入，她觉得本先生很快就回来了，她想拿着刚刚做好的肉卷去跟邻居切磋一下厨艺。

她觉得自己只是离开一会儿，没有关系的，儿子看得那么投入，况且丈夫马上就回家了。

可是等她回来的时候，发现儿子倒在血泊里，丈夫正抱着儿子痛哭不止，地上有把手枪和散落的子弹。她之前跟丈夫说过，一定要把手枪放好，避免孩子好奇拿来玩，可是最后，悲剧还是发生了。

本太太无法原谅自己，为什么把孩子一个人放在家里？她也无法原谅丈夫，因为她跟先生说过，让他把枪放好，但是他没有重视，也没有放在孩子无法触及的地方。

本先生无法原谅太太，为什么会把孩子一个人放在家里？他更无法原谅自己，为什么不把枪放好，放到孩子无法触及的位置？

两个人相互抱怨，又各自内疚。儿子走了，他们的婚姻也走到了尽头。

如果他们的儿子泉下有知，可能并不希望父母因为他的离开而分手。他爱着自己的父母，希望他们能够原谅自己，原谅彼此，过上更好的生活。毕竟儿子的离开，不完全是他们的原因，他们可以采取更积极的办法，比如去宣扬如何管制枪支，来纪念他们的儿子；也可以去帮助那些同样因失去孩子痛苦的人。但是他们什么也没有做，而是不停地用内疚感来折磨自己和对方。

内疚是我们很容易体验的情感，内疚和羞愧在霍金斯的能量图中的最底层，几乎是最负能量的情感。内疚感说明人类有良知情感，但是如果内心被内疚感占据，就无法轻松生活。

内疚感的一种表现形式是错误内疚。当事人认为事情的发生是自己的责任，是因为自己没有做好某件事情，而导致了某种后果。他们觉得应该对某一事件的后果承担全部责任，从而不断地责备和埋怨自己。

内疚感的另一种表现形式是亲属内疚。亲属们非常容易产生对逝者的内疚之情。以前我访谈过的一个抑郁者，一位女士一直内疚，因没有照顾好丈夫，而让丈夫离开，这已经是 10 年前的事情了。

还有一种内疚感的表现形式，是幸存者内疚。在大型的事故中，幸存下来的人往往会拥有强烈的内疚之情，为什么别人都离开了而自己活着？虽然一人活在世上，却悲伤、麻木，丧失了活着的价值和意义。他们没有想过，他们活下来是有特殊的使命，可能是为了完成逝者所没有完成的志向和意愿。

内疚感是人本性中的一种情感，它提醒我们做错了事情，要去改变或者是弥补，但是如果因为内疚感而停滞不前，不停地自责，却并非正确的应对方式。

弗洛伊德认为内疚感能够有效地规范社会行为，可以促使我们去做好事，不要轻易地去伤害别人，做坏事情。内疚可能意味着我们需要改变自己的行为，如果选择忽略这个问题就要承担后果。一旦意识到自己的错误，就有必要做出改变，

第一步：真心诚意地道歉，从内心意识到自己的错误，并决心改变。

第二步：采取真正的措施并做出改变，我们需要做的是吸取教训，而不是重复错误。

第三步：如何做更多的事情，以避免他人也犯类似的错误，从而造成不可避免的损失和深陷内疚的牢笼。如故事中的本先生和本太太，可以宣传如何管制枪支，如何更好地照顾孩子等。

对于无法改变的事情，最好的办法就是接受它，然后去原谅原谅别人，也原谅自己。

宽恕自己

中国有个母亲，在某个春日的早晨，拿了一篮子豆让三四岁的儿子在门槛上剥豆，自己在屋后劈柴、淘米，过一会叫儿子没人应声，出去看时，门口已没人，四处找寻不得，最后在山坳里找到孩子的小鞋，唯一的儿子被狼吃了。于是她逢人就说："我真傻，真的。我单知道下雪天时野兽在深山里没有食吃，会到村里来……我不知道春天也会有。"最初人们还报以同情，后来，逐渐地不耐烦，甚至厌烦或唾弃。

国外有个母亲，在床头柜上放了一把枪，这是宪法规定人们可以持枪的国度，很多人家的做法。然而有一天，她的儿子突然用那把枪自杀。二十多年过去了，她每年都会在儿子忌日那天去找咨询师，说"我真傻，真的，我单知道买把枪是为了安全的，但没想到还会要儿子的命。我为什么要持枪？为什么没把枪放好？为什么没有关注到儿子得了抑郁症？"

不同国度的两个母亲，有着同样的悲伤和愧疚，不断地用自责、自罪和自我折磨的方式，哀悼着已经离开的儿子，期盼着突然神迹出现，儿子奇迹般地回来。做着各种反事实的假设和推理：如果不把他一个人放在门口该多好，如果没有持枪该多好，如果再细心一点该多好，如果……

一次次的内疚和自责，将自己的心理能量固着在儿子出事的那天，不再流动。

如果悲伤可以换回儿子的生命，母亲们可以尽情地悲伤；

如果自责可以换回儿子的生命，母亲们可以努力地自责；

如果时间可以重来，母亲们可以选择更谨慎的方式……

然而，所有的"如果"都不是现实。

已经发生的事实，是谁都改变不了的历史。

无法原谅自己，让自己一直活在痛苦和愧疚中，是逝者想要看到的结果吗？

没有谁一生中都会做正确的事，犯错，是圣人都难以避免的。

虽然有时候，犯错的后果无比巨大，也不代表犯错的人就一定要进入万劫不复的深渊。

如果事情的发生并非我们所能决定的，既然事情已经发生，再多的悲伤已经无法挽回的时候。就接受事实，走出悲伤。

为了逝去的和活着的人们，好好活着。

悲伤可以让我们更多的惊醒，明白什么事情对自己更重要，重新安排生活中事件的重要顺序，承诺做好当下的事情，重新找回内心的喜悦。

都说时间能治愈一切，其实能治愈一切的不是时间，而是你在这段时间里所做的事情。

表达愤怒

愤怒是常见的情绪，然而，愤怒是什么呢？

愤怒是因为自己未满足的需要而引发的情绪。

每一个愤怒背后，都有一个未被满足的需要。

我希望孩子们每天能够自觉坐在书桌前，读书、学习，这是我的需要还是孩子的需要？仔细想想，其实是我的需要。孩子巴不得一天到晚拿着手机、开着电脑或看电视呢。

亲子之间不同需要的冲突，往往会引发强烈的情绪反应，如愤怒。然而，有时候愤怒能达到目的，但大多数时候，愤怒的结果是导致亲子之间矛盾升级，坏情绪爆棚。

发火、指责、抱怨、批判、大喊大叫，只是愤怒的表面表达，并没有表达愤怒的深层含义。

暴力之所以产生，是误以为自己的痛苦都是他人造成的，他人应当受到惩罚。

如何更好地表达愤怒？

首先，愤怒是自己的选择，不要将责任归咎于他人。

看到或听到与自己期望不一致的言行，常见的反应就是指责他人，尤其是亲子之间，于是父母就会产生愤怒。

愤怒的产生是由于自己选择了愤怒这种情绪。看到孩子不听话，十个父母会有十种不同的反应，而愤怒只是你的选择，是你认为孩子应该"听话"，如果不听话是对你权威的挑战，所以，你才会选择愤怒，以此来维护自己的权威。外在的事件只是一个刺激，如何反应，取决于自己的态度。愤怒源于我们对他人的评判，认为别人"应该"怎么做，却没有按照"应该"去做。

有一次姑娘洗脚时，忽然想起我把她做的新年愿望卡片丢了，非常生气，开始踩脚，洗脚水洒了一地。我很生气，如果是按照以往的反应，肯定会大声责骂一番；但我手上正好翻到"刺激—反应"这个部分，人类并不是给予什么刺激就产生什么反应，人有主观能动性，可以对刺激进行判断，对反应进行选择。如果仅仅像华生所讲的"刺激—反应"的行为模式，那人类与动物有多大区别？所以，当下想到，如果有一天我不再被姑娘的行为所激怒，就修炼到一定的境界了。

其次，体会自己的需要。

每个愤怒的背后，都有未被满足的需要。如果能够反观自己，是什么未被满足的需要引发了愤怒，则能够通过愤怒更好地看到自己。可以通过"我生气，因为我需要……"这样的表达，帮助自己与自己的需要连结。

此时，愤怒是一种强烈的报警器，帮助我们更好地找到未被满足的需要，寻找建设性的方式达成需要的满足。

最后，表达自己的感受和未被满足的需要。

他人不需要为我们的愤怒负责，我们需要把注意力放在自己的感受和需要上。

当看到姑娘这样做，去了另一个房间，平息了一下自己的怒火，然后去她房间，对她说，"我看到你跺脚，把水都洒出来了，我担心水会把木地板泡坏，我感到很生气，我希望你能够把水擦干净"。

表达自己，而不去指责别人，往往更容易让他人接受，也更易于达到自己需要的满足。

引发你愤怒的，不是他人的行为，而是你头脑中对他人的言行的看法和解读。想要更好地管理和表达愤怒，需要不断地练习。

下面的练习可以参考：

1. 回想一下过去的一周或一个月，是什么刺激引发了你的愤怒？

2. 然后继续想想，引发你愤怒的原因是什么？注意，刺激不能直接导致愤怒，你的愤怒是因为你对某种刺激的看法。

3. 看看自己有哪些未被满足的需要。

4. 表达自己的感受和需要。

表达需要

有一次和朋友一起读书时，谈到需要的话题，朋友问我，我的需要是什么？

我一下语滞。

我的需要是什么？我好像从来没有好好思考过这个问题。每天叫醒睡梦中的孩子，照顾孩子洗漱、吃饭，送孩子上学后，去上班、上课。回到家带孩子、做家务。

一天又一天，不知不觉到了年关。

我满足了孩子的需要，满足了工作的需要，满足了家庭的需要，而我真正的需要是什么呢？

好多天，我都经常想起这个问题。

需要，是指人们缺乏某种东西而产生的一种"想得到"的心理状态，通常以某种欲望、意愿、兴趣等形式表现出来。

我们从小太不习惯于表达需要，从而现在突然被问及需要是什么，一时竟不知如何回答。

非暴力沟通的大师马歇尔·卢森堡（Marshall Rosenberg）博士在工作坊时，遇到一位怨声载道的母亲，她抱怨这二十多年，都是她在做饭，不管多忙多累，都没有人替她一下，所以她觉得很辛苦。

卢森堡博士跟她说，不想做饭可以不做，为什么一定要带着那么多怨气做饭呢？有什么需要就说出来。

这位母亲上完课后，回家就不做饭了。

两周后，巧的是，这位母亲的小儿子也来参加工作坊。卢森堡博士就问起他母亲的情况。

小儿子说，谢天谢地，我们再也不用在吃饭的时候听母亲的抱怨了。

文化赋予不同性别不同的角色，母亲通常被认为是洗衣做饭带孩子，而很多女性也将自己固化在这个角色中，从而忽视了自己真正的需要。

用抱怨的方式来表达不满，并没有真正表达自己的需要，反而会给整个家庭带来不愉快的气氛。

有什么需要，就直接表达，如果不直接表达自己的需要，可能对方无论如何猜测，也无法知道你内心真正的需要是什么。

年关了，忙碌是主旋律，如果需要忙碌备年，就愉快地去做，把家里打扫得干干净净，让大家看着舒心多么美好；做很多美味，让大家吃得开心多么愉悦；如果你需要休息，需要帮助，需要他人的关心，需要大家的鼓励，需要被看见，就直接去表达，用"我需要……"开头的方式，而不是"你为什么不能……"的方式，因为前者表达的是自己的需要，后者表达的是对他人的指责和不满。

比如，妻子对丈夫说：你就知道在沙发上看手机，也不过来帮忙备菜。

表达需要：我一个人准备一大家的饭很累，我希望你能过来帮忙备一下菜。

母亲对儿子说：你的臭袜子就知道乱扔，弄的卧室里乱糟糟的。

表达需要：我看到你的卧室到处都扔着袜子，我感到很乱，我希望你的房间能够干净清爽。

热恋中的人总是期望对方能够洞悉自己的需要，如果没有做到自己心中所期望的，就会认为对方不是真的爱自己。事实上，没有人是你肚子里的蛔虫，能够知道你的所思所想，最好的方式，就是说出来，让对方知道你的真实需要。

祝愿大家都能愉快、和谐、美好、充实地度过每一天。

放下指责

晚上睡觉的时候姑娘让我叫她，我说不叫，起不起床是她自己的事情。

每次我不同意叫她的时候，姑娘都能早早起床，一旦我说了6：30叫她，她起晚了，就开始发脾气，又哭又闹，说都怪我叫晚了，要让她迟到了。

责怪别人总是件容易的事情，可以把自己的责任推到别人身上。孩子特别喜欢做这样的事，他们从来不会考虑到这是自己的责任，自己需要承担责任，然后去改变。不管遇到什么事都是别人的错，多子女的家庭更是这样，老大犯的错会说是老二干的，如果老二犯了错，会说是老大干的，相互推诿，以此避免自己受到责罚。

孩子缺乏反思能力，喜欢将责任归咎于他人。可是当人成年之后，还总是把责任归咎于他人，就容易陷入受害者思维，认为一切都是别人的错，都怪别人，使得自己陷入如此的境地；都怪别人，让自己如此痛苦；都怪别人，让自己生病；都怪别人，让自己过得这么不快乐……

问题都是别人的，自己并没有错。

这就像一个不想受到责罚的孩子，不管出了什么错，都不愿意去承担责任，最终自己就成了外在环境的迫害者。可是如果没人可责怪呢?

安娜说，爸妈从来不爱她，他们把所有的关心和爱都给了哥哥。她现在过得非常不幸福，都是因为从小没有获得爸妈的关爱。

她回忆说，他们经常出去郊游，她和哥哥坐在后排，两人经常会因为什么事情吵起来，这个时候，父母总是责怪她挑起事端，明明有时候，并不是自己的错。

还有一次，她和哥哥都参加了学校的棒球比赛，明明她做得很好，但是爸妈都去给哥哥祝贺，给哥哥鼓励，没有多跟她说话，她感到被冷落。

在她的记忆里，她回忆出的都是爸妈偏爱哥哥的画面，她说，她从小就没有感受到爸妈的爱，如果小时候爸妈能多爱她一些，自己的生活会过得好些。

在把爸妈都请到咨询室，进行家庭治疗的时候，妈妈请安娜回忆一次滑雪比赛，当时安娜想要放弃了，因为没有信心能赢，妈妈让她想象自己是冠军，就像冠军一样去滑，结果她真的赢得了比赛；爸爸让她回想一次参加绘画活动，她本来不想参加，爸爸说如果能去参加并获得大奖，爸爸会加倍给她奖金，结果她愉快地去参加了比赛，真的获得了大奖，爸爸也兑现了加倍给奖金的承诺，就这样，安娜回忆起来多个爸妈给予她关爱的画面，觉得以前自己认为爸妈不关心她，不爱她，真的是太傻了。

当安娜一致认为爸妈是爱哥哥，不爱她的时候，她能关注的信息都是爸妈给予哥哥关爱的信息，抱怨，指责，内心充满了不公和不满，从而习惯性地把问题归咎爸妈或哥哥。而一旦放下这个思维限制，就会看到不一样的生活，体验不一样的感受。

指责别人虽然容易，但永远得不到爱与宽容。

况且有的时候，无人可以指责。

没有人可以把想法放到我们的思维中，除了自己。每个人都要为自己的一切负责，放弃责备和受害者思维，宽容他人和自己，才能让自己从消极情绪的漩涡里走出来，拥抱生活中的美好。

应对抱怨

每个人在生活、学习或工作过程中，总是会遇到一些不如意的事，如果把这些事情都放在心里，不倾诉、不吐槽、不抱怨，积累久了，就容易造成负能量的累积效应，造成身心伤害。

自尊分为两种，一种是整体自尊，一种是具体的自尊。整体自尊是指自己对自己整体的看法，比如说你是好的或者不好的，有自信的或者无自信的；具体的自尊是你能不能完成某项工作，比如能不能跑完 5 公里，能不能完成这次作业。具体的自尊伤害不大，但是整体自尊受到打击，形成低自尊。低自尊的人会对自我的评价很低，认为自己一无是处，做不好一些事情，从而会产生太多抱怨心理。

以前总是认为抱怨是不好的，但是一点都不抱怨就好吗？

凡事讲究中庸之道，过和不及都是不好的。小时候家乡有个鱼塘，承包鱼塘的叔叔将其围起来养鱼。刚开始鱼苗比较小，他担心鱼苗流走，就把大坝体上的几个方孔都堵上了，不让水流出去。可是有一年夏天雨水很多，一场大暴雨过后，鱼塘的水都漫过大坝上方，一泻而下，壮观之景堪比瀑布。关键问题是，鱼塘的很多鱼都顺着坝顶的水流流到下方的河里了。

鱼塘的水位承纳是有限的，如果只存水，不泄水，积累久了，就容易像决堤大坝一样，造成下游泛滥。

人的情绪类似于能量池，情绪容纳力是有限的，只积累不宣泄，也容易发生情绪大坝决堤事件。抱怨有时候有心理疗愈的作用，通过抱怨表达自己内心的不满，有时可以获得一些帮助，获得心理疗愈。

如果别人对你抱怨某事或某人，怎么做能真正帮到对方呢？

首先，要耐心倾听。

对方之所以期望能倾诉，是因为自己的情绪能量池达到一定的水位线，可能达到警戒线了，然而他/她觉得不倾诉出去，内心难以平静。而他/她能找到你倾诉，说明信任你，认为你是可以认真倾听的人。所以这个时候，没有什么比坐下来，耐心倾听更重要了。在心理咨询中，倾听是咨询师最基本的功底之一，有时候，单纯倾听就能够帮助对方解除心理困扰。往往有时候，对方说着说着，自己就梳理清楚，明白该怎么做了。

其次，共情、理解。

认真地倾听对方，适时地表达对他/她的理解，共情，感同身受，承认其感受，帮助和引导其尽可能地将负面能量宣泄出去。当对方将抱怨的人或事都宣泄出去后，自己的理性也就回归了，就能够冷静思考事情的原貌。

最后，分析引导。

等到对方抱怨完内容，宣泄完情绪后，可以适当地提出一些问题，引导他/她思考事情的另一面或更多的可能性，这个时候，客观地分析，冷静地沟通就成为可能，也能帮助他/她产生更多的领悟和反思，真正帮助对方思考问题的合理解决之道。

不要小看听别人倾诉这件事，如果做不好，很容易让对方觉得你不耐心，不理解他人；做得好，就能直接帮到对方，起到心理疗愈的作用。

另外，在倾听过程中，要注意给对方肯定和赞美，正向反馈更能激励他人。

情绪"解离"

人遇到痛苦、沮丧、难过、自责等消极情绪时，容易陷入情绪中不能自拔，让情绪感受占据自己的感觉的大部分，使得自己很难提起能量去完成工作、学习、社交等一系列活动。

抑郁症的受困者，大多是被困在情绪的牢笼里。

而做好情绪的"解离"，是走出抑郁牢笼的重要一步。

如何做呢？

当遇到一件事时，抑郁者会给自己贴标签，说"自己不行，不能做这些事，太失败了"等。

这些想法就像头脑中驶过的火车一样，看着它，让它来，也让它走，不用阻止它或让它停下来，你就像站在站台上，看着一列列火车上贴着不同的标签，开过来，再开走。

从解离的角度看，它只是一个想法、一个信息，一个标签，不增多不减少。

神经科学研究发现，解离是调节强烈而痛苦的情绪状态的策略之一，反应迅速，可以让人迅速冷静下来，留出足够的能量去解决问题。相关研究发现，解离的效果要优于认知重评的效果①。

有些体验非常痛苦和强烈，想要做出分离真的很困难。这些情绪就像虎皮膏药一样，黏在头脑中，牢牢地控制着一个人的思维方式，让其做任何事时，都带有这种体验的影响。

相信大家有过这样的体验：刚刚得知自己失去了某个机会，或竞争失败，考试失利，朋友失和之后，心情就像六月的雷雨天，阴云密布。不管走到哪里，不管干什么事情，头顶的阴云都如影随形，让你难以挤出一个笑脸，心

---

① SHAFIR R, SURI G, GROSS J, et al. Thiruchselvam, et al. Neural Processing of Emotional-Intensity Predicts Emotion Regulation Choice [J]. Social Cognitive and Affective Neuroscience, 2016, 11 (12): 1863-1871.

情得不到放松。

这种阴云随行的感觉，就是情绪附着。

解离，就是要学会让附着在自己头脑中的阴云分离开。

让它待在天上吧，我要迅速离开阴云。就像碰到突然的阴云密布的雷雨天，要迅速跑回家或找个避雨的地方，不让接下来要下的瓢泼大雨淋到自己。

很多促销或诈骗的心理策略，就是让你产生过度的情绪反应，从而做出冲动的行为。

如何离开情绪的阴云，与消极情绪解离？

第一步：退后一步，观察正在发生什么，头脑中有哪些想法驻留。

第二步：给你的想法命名。

第三步：只是保持关注和接纳，不要试着和你的想法进行任何的回应，更不要辩驳。

第四步：给你的想法之间腾出一定的心理空间，你就能够重新获得复原的力量，看着情绪自来自去。

因为情绪就像乌云一样，不会一直密布在天空中。允许它下雨，允许它密布，等它发作完之后，自然会走，即使它不想走，一阵风也会带走它；太阳出来后，也会云开雾散。

而你在解离状态下的观察，就像逐渐发光的太阳。

解离技能练习越多，就会越强大。

所有的技术好不好用，一定是在于不断地练习，只有用了，才能显现出其效果。

下面给大家分享两个常用的解离方法和技巧：

练习一：找出乌云笼罩的时刻①

当你遇到困难、挫折、不顺利的事件，产生焦虑、不安、抑郁、痛苦等情绪时，或者一直受到某些情绪或事件的影响时，这个练习非常有用。找到一个笔记本，回顾一下这些情境，然后尝试写下下面的内容：

困扰我的想法

---

① ［美］斯特罗萨尔，罗宾逊. 拥抱你的抑郁情绪 ［M］. 北京：机械工业出版社，2021：172.

困扰我的情绪

困扰我的记忆

困扰我的身体感觉

困扰我的冲动

都写完之后，就大声朗读这些内容，重复这样做，允许你的内心出现任何念头，无须改变、控制或消除它。

在进行这个练习时，你就会发现，你只是试着大声读出这些内容，其他什么都没做，却突然感觉你已经与你的情绪解离了。

我在做这个练习时，还有一个发现，就是有些困扰自己的想法，是长久以来一直深藏在内心深处，并时不时地出来影响我的。

都说君子不贰过，我们却经常在同一个地方摔倒，然而却不自知，如果不刻意练习，还可能在同一个地方摔上上百次。

所以，检查并写下那些困扰你的想法、情绪、记忆和感受，是反观自己，更加了解自己的元认知策略。让自己保持观察者的视角，看看在自己的生命中都发生了什么，然后允许，接纳。

练习二：铁道路口①

大家几乎都有在火车站等待火车进站的体验。等待火车时，会有其他的火车进站，当火车开始进站时，我们经常是保持对每一节车厢的关注，直到出站。

下面的练习就是想象你正站在站台上，看着一列火车缓缓地进站，又缓慢地离开。

找一个安静的地方，舒服地坐下来，深呼吸几次，让自己平静、放松。

想象一下，一列火车正缓缓地驶入站台，你的眼前只有这列火车和移动的火车厢。火车停下来了，但是你不要上车，每个火车厢外面都有个白板，你可以把你的想法、情绪、感受分别写在一节节的火车厢上，不管是想象中的还是现实发生的，只要是你注意到的心理事件，都可以写上去，不用着急，火车会停留足够的时间，你完全有时间写上你的所有的想法和感受。

---

① ［美］斯特罗萨尔，罗宾逊 . 拥抱你的抑郁情绪［M］. 北京：机械工业出版社，2021：167.

然后，看着火车慢慢移动，带着你的所有的感受、体验和想法。它们都在火车厢外的白板上，随着火车慢慢移动，并越来越快，直到驶离火车站。

一定不要上车，不要让你的想法、情绪、体验和感受带走了。

火车带着你的所有的想法、情绪、体验和感受走了，你依然留在车站。

这个时候，你就完成了解离功课。

并且，你也明白了，你不是你的想法、情绪、体验和感受，你就是你，那个依然留在站台的人，而你的想法、情绪、体验和感受会来，也会走，它们都不能代替你，也无法决定你是谁。

你是你自己思维的主宰。

每天询问自己的志向，做符合自己价值观的事，朝向自己的目标前进，不要让想法或情绪的列车带跑了，而偏离生活的轨道。

你有属于自己的列车。

那些"概括化"惹的祸

寒假跟朋友聊天，朋友说她老公"从来"不给她买礼物，满心满眼都是委屈。

我说我以前也经常这样抱怨。我时不时地就会抱怨老公从来不给我买礼物，心里没我，等等。抱怨的多了，内在的情绪就会积累，一遇到什么事，容易翻旧账。有一次老公急了，就开始历数给我买过的东西，还真不是"从来"不买，并且有几样现在都在用，比如，他读研究生的时候给我买的吹风机，再后来，他出差买礼物能刻名字的就刻上名字，回来说：再也不要说"从来"没买过了。

事实摆在那里，后来我就不再抱怨了。再后来，我想要什么东西，就自己买，比如我会不定时买束花插在瓶子里，给自己一个新鲜美好。

从来、总是、从不，都是一些概括化的思维方式。

概括化思维就是大脑中把事物的属性、共同点找出来，同时能够运用到同类事物当中去的思维过程，是发现问题、分析问题、解决问题的重要思维形式。

而过度概括化，容易以偏概全、一叶障目不见泰山。

阿伦·贝克曾在抑郁症的临床研究中发现，患者常常具有过度概括化的思维方式，由某一件事得出一个结论，再将这个结论扩展到其他的事情上去，从而形成消极的情绪反应方式。

比如，有个来访说，我从来没有成功过；

有的来访说，我一直处于痛苦中；

有的说，别人都不信任我；

有的说，我从小就没有感受过家里的关爱；

有的说，我总是无法做好任何事，哪怕是一件小事；

有的说，我和别人在一起从来都不自在；

有的说，……

有一次，一个学生抱怨她父亲对她很不好，每次放假，她都很痛苦，不想回家，但又不得不回家。

到我的咨询室后，我让她回忆一下父亲对她好的时候，她说没有，父亲从来都没有对她好过。

我让她仔细回忆一下，哪怕是一件小事也行，比如，买好吃的、陪她玩、满足一个小小的愿望等。

在不断启发下，她想起小时候爸爸带他去钓鱼，阳光温暖地洒在身上，她和爸爸扛着鱼竿到河边，静静地等待鱼儿上钩的感受和体验，是她觉得爸爸对她好的一件事。

然后强调，只有这一件事，别的没有了。

我说没关系，可以再接着想想，还有没有其他对你好的事，很小的事情也可以。

后来，这个姑娘就回忆起了多件父亲带给她温暖的事，等这些事情慢慢地回到意识层面，她对父亲的感觉也就完全变了。

人有一种自我证实倾向，意思是人一旦形成某种印象和结论，记忆系统中都会搜索证实这个结论的所有证据，而不会回忆起相反的证据。

当我们以偏概全的认为"从来"或"永不"的时候，就不断地搜集相关证据，来证实自己的"从来"假说，却不知道，自己只是在一个瓶子里寻找证据，瓶子外面还有更广阔的空间。

能够打破过度概括化的重要方法，就是寻找例外。在我们觉得"从不"成功的时候，就去找偶尔成功的时候；一直痛苦的时候，就去找不痛苦的时候；从没有感受到关爱的时候，就去找那些让你温暖的小片段。

因为当你知道痛苦的时候，是因为你曾经感受过快乐和幸福，不然，是不会知道痛苦的滋味的。

别被自己的思维和语言欺骗了，保持对自己的觉知，当我们语言中出现过分概括的表达时，反思一下是不是又被过分概括化思维绑架了。

手表惹的祸

这是个常见的家庭故事。

公司职员大卫早上洗漱时，将自己的高档手表放在洗漱台边。

妻子怕被水淋湿了，就顺手拿过去放在餐桌上。

儿子到餐桌上拿面包时，不小心将手表碰到地上摔坏了。

大卫心疼手表，就朝儿子的屁股揍了一顿，然后冷着脸骂了妻子一通。

妻子不服气与之激烈争吵。

一气之下，大卫直接开车去了公司，快到公司时想起忘了拿公文包，又马上转回家。

可是家中没人，大卫只好打妻子的电话，让她把钥匙送回来。

妻子慌慌张张地往家赶时，撞翻了路边一个水果摊，她不得不赔了一笔钱才离开。

待门打开拿到公文包后，大卫已经迟到了15分钟，挨了上司一顿严厉的批评。

下班前他又因一件小事，跟同事吵了一架。

妻子也因迟到被扣了当月的全勤奖。

儿子这天参加棒球比赛，却因心情不好发挥不佳被淘汰了。

一件小的事情，却引发了整个家庭悲催的一天。

吸引力法则认为，是最初的一个不好的思想，引发了不良情绪，从而吸引来更多的不良事件。所以，消极情绪往往能够引发连锁反应，这就是吸引力法则的作用。

如果认识到消极情绪的重要影响，就及时止损，一旦意识到自己的情绪不佳，马上停止，转念，往往在情绪上的一点点转变，就能够改变一天的生活和状况。

比如，大卫看到自己的表摔坏了，这已经是事实，再生气、责备、抱怨也无济于事，不如转念，想着如何去维修，也许愤怒的心情就不至于波及儿子和妻子，自己也不会在愤怒情绪中忘记拿公文包了。

这就需要觉知的力量，不管什么时候，都要生活在当下，有个主人翁在，时时关注此刻的体验是什么，在想什么，在做什么，及时转念，也就及时地转换了情绪的频道，不再让坏情绪继续影响自己的生活和身边的人。

因为情绪是会传染的。

美国著名的社会心理学家莱昂·费斯汀格（Leon Festinger）提出了一个重要论断，他说，生活中的 10% 是由发生在你身上的事情组成，而另外的 90% 则是由你对所发生的事情如何反应所决定。也就是说，大部分的事情取决于个体的认识和看法，而这 90%，是可以由我们掌控的。如果我们能够对发生的事情采用积极的思想和认识，也就能产生积极的反应，从而更愉快地度过每一天。

这个效应后来被称为"费斯汀格法则"。

由此可见，我们的思想是不良情绪的主要原因。如果下次感觉不好的时候，就马上按下"STOP"键，转变思想，想想好的事情，将自己的情绪调到美好的频率上，这样才能阻断坏情绪效应，产生好的情绪反应。

如何转念

念头是播种在人心里的种子，如果一个念头总是反反复复出现，那它所制造的纹路就会成为一种习惯或一种瘾。

习惯会塑造你的大脑、你的性格以及你的人生。

"念"这个字很有意思，是"今在心上"，即当下的思维和感受。

你能否时时观察到当下的思维和感受呢?

我们经常会听到"学会转念"，要想转变念头，首先得观察自己的念头。

1. 观察自己的念头

如果想改变自己的人生，就要先改变自己的心理，要想做到这一点，需要先学会观察自己的心理，观察它是如何运作的，被什么吸引，被什么排斥，受什么困惑，用同理心去观察心理本身。

当你试着以观察者的视角看自己时，就会有很多新的发现。你会发现，几乎在你做每一件事之前，不管是最细微的日常活动，还是最狂暴的愤怒情绪，其实都有意念在先。只是有时候意念非常的轻微，不仔细观察发现不了;或者意念一闪而过，不留心就注意不到。

对自己的念头进行观察，可以有意识地关注当下，注意自己的每一个动作，在自己要做出某个动作之前，暂停一下，问问自己，"为什么我会想要做出这个动作? 究竟是什么思维或行为引发了这种意图?"

在一天当中，你越是能停下来关注自己的情感和念头，就越能了解这一刻，久而久之，你便能提早注意到自己的念头。

你越能意识到自己的念头，就越能自由地形成有意识的念头，并将其付诸行动。

2. 改变自己的念头

如果想改变自己的人生方向，那就必须得改变念头的方向，也就意味着，首先要坦诚地面对自己已有的思维、念头与习惯。

在学会观察念头之后，下一步是学习改变念头。

没有一件事是孤立和单一的，也没有完全负面的事，学会转念，就是在观察到念头之后，将消极的念头，转向另一面。

悲观者看到的是"怎么只有半瓶水"，而乐观者看到的是"还有半瓶水"。

一念天堂，一念地狱。学会转念之后，就可以离开思维的地狱，创造自己的天堂。

给大家分享三步正念法，可以用来改变自己的念头：

首先，有意识地关注每一个当下，在每个行动之前设置一个意图。这个意图是与你的价值观相吻合的念。

其次，将这个意图付诸行动。

最后，集中注意力观察自己的身体运动，内心想法和感觉，并持续观察。

通过不断练习，把念头变得清晰、纯净，导向爱与慈悲，可以把消极的念头转变为积极的念头。

学会在言行之前，先想想自己的动机，如此，方能过上我们想要的生活。

——莎朗·沙兹伯格

情绪转念功课

20 世纪初，弗洛伊德提出了潜意识的冰山理论，认为人能意识到的层面只是冰山一角，更多的是潜意识层面，在水平面以下。理论提出后，质疑声一片，很多人都不相信，我们怎么会意识不到自己在想什么，在做什么呢？但是经过长时间的争论、研究，越来越多的人开始接受并相信。很多时候，自己并不知道自己为什么要这样做、这样想；很多时候，自己并不知道自己应该怎么做。

而那部分我们不知道的潜意识，就像生活中的背景音乐，时时刻刻影响着我们的思想和情绪。

如果想要了解或重构潜意识，需要持续的观察内省，找出信念和自我意识层面潜藏的任何消极思想，转变成积极的画面。

那些旧有的思想就像旧衣服，虽然很舒服，但经常会给我们很多限制。

如果你生活中出现了情绪困扰，就需要找出内在的信念，然后改变它。

信念改变了，情绪体验就会改变。

在认知心理学中，用计算机模拟人脑进行研究，把人脑比作计算机。计算机最怕的是病毒，那些看似很正常的木马小程序，不断地自动化运行，侵占着电脑内存，降低运行的速度，有的还附着在我们需要的程序或文档上，对电脑的运行产生潜移默化的影响。

消极的思想和信念也是大脑中的木马程序，悄然运行，慢慢地占用大脑的运行内存，还扩展到思想的多个层面，根深蒂固，清理起来并不容易。

但是，如果你真心想要做出改变，有一些好用的清理木马程序的工具可以应用。

下面，跟大家分享拜伦·凯蒂（Byron Katie）的情绪转念功课：

在拜伦·凯蒂的"The Work"官网上，写着这样一段话：

我发现，当我相信自己的想法时，我就会痛苦；当我不相信自己的想法时，我就不会痛苦，这对每个人来说都是如此。自由就是这么简单。我发现痛苦是可以选择的。我在内心找到了一种从未消失的快乐，一刻也没有。这种快乐永远存在于每个人心中。我请你不要相信我。我邀请你亲自测试一下。

方法好不好用，一定是用了才知道。

转念功课要借助冥想来完成。

第一步：觉察（Notice）。

谁或什么让你心烦、生气或悲伤？回忆一个具体的情况。情绪是一种提醒，提醒自己需要反观自身，看看发生了什么，哪些需要调整和改变了。

第二步：写下来（Write）。

用简短的句子把你的压力想法写在一张工作表上。通过写下来，可以把头脑中纷繁复杂的想法落在纸上。

第三步：提问（Question）。

对每一个想法进行提问，这些都是真实的吗？可靠的吗？经得住推敲吗？诚实地面对自己的每一个念头，允许真实的答案出现。

第四步：把它转过来（Turn it Around）。

找到这些想法的反面。它们和最初的想法一样真实，还是比最初的想法更真实？

这种转变给了意识一个扩展的机会，而不是被困在一个有限的真相中。

放下担心，安住当下

担心是指对某人或某事不放心，心中有顾虑，有担忧。从小到大，母亲有太多的担心，不让干这个，不让去那儿，原因就是一个女孩子，很危险，她不放心。上了大学后，开始和同学到处穷游，母亲一样不准，那时我通常的做法是每次回到宿舍，再告诉她我去了哪儿，做了什么事。印象颇深的是，有一次独自去北京，爸妈打电话到宿舍找不到我，很着急，舍友想办法联系我，让我马上给家里回电话。当时应该是带着传呼机。我给爸妈回电话（当时村里的电话，家里没有电话），说我在北京天安门呢，他们又惊又气，在电话里嘱咐了一通。

现已中年，有一次老妈打电话说就担心你和你弟，有时候会做噩梦，你们在外面一定要注意安全。

我说妈妈，你把心放在肚子里，安然享受自己的晚年生活，我们都是成年人了，都会照顾好自己。可以关心，但不要担心，担心是最坏的礼物。

担心是最坏的礼物，也有人把担心称为"诅咒"。

有句俗话叫，"怕什么来什么"。越担心，越容易吸引负能量，让担心成真。

这就是吸引力法则的另一种应用。

担心往往是内在的焦虑和对他人、对自己的不信任。过度的担心就容易发展成焦虑。

事情没有发生，有什么可担心的？

事情已经发生了，担心有什么用？

可就是很多的担心让我们坐立不安，食不甘味，睡不安稳。父母尤其是有了孩子之后，就有更多的担心，也有更多担心的理由，从而过得紧张兮兮，也让孩子感到束缚。

适度的担心，可以增强警惕，消除危险。比如，孩子一个晚上出门，可以接接送送，但是在知道孩子安全的情况下，就把心放在肚子里，把信任交给孩子。

你越信任孩子，孩子也会越信任自己，遇到问题也会积极想办法解决。

担心是不会解决问题的。

有个妈妈经常担心儿子考不上高中，儿子说每次在学校鼓起劲头想好好学习，回到家后，听到妈妈的督促和唠叨，说："不好好学怎么能考上高中呢？"他也在想，"我是不是真的考不上高中？"

另一个妈妈说他儿子上初中时成绩不好，老师有一次说："就你这样的还能考上高中？"

儿子回家说的时候，妈妈说，儿子，妈妈相信你一定能考上高中。结果儿子不但考上了好高中，今年已是大学生了。

凡事皆有因果，想要有好的结果，就需要在因上努力。春天到了，积极播种，辛勤耕耘，秋天了自然会有收获。

想要让孩子有好结果，也需要帮助孩子明确因上努力的重要，而不是仅仅担忧着结果。

对于安全的担忧，需要进行充分的安全教育，主动远离危险，学会保护自己。

可以关心，但不要担心。

关心是带着对自我和他人的信任进行的关怀，是正能量。

而担心，是带着对自我和他人的不信任而产生的忧虑，是负能量。

放心担心，安住当下。

记住，担心是最坏的礼物，不要把这个礼物送给你关心的人。

反求诸己

分享一个家庭故事：

邻居家小刘前两年又生了一个女儿。三胎政策放开后，公婆就催着小刘赶紧生个儿子，看看邻居家都有儿子，谁谁家都两个儿子了，她们家还只是两个姑娘。

在农村，有儿子没儿子区别很大。

小刘和老公商量后，就决定冒着高龄的风险再要一个，希望能是儿子。等到最后生产之后，发现又是个姑娘，一家人的脸拉得老长。婆婆甚至懒得多看孩子一眼，只是唠叨，没个儿子以后可怎么办。

小刘委屈、难过，觉得老天真是不公平，都第三个了，也不换换样。老公真是不体谅自己，生女儿又不是自己能决定的，再说冒着生命风险给生了三个孩子，没有功劳还没有苦劳吗。公婆太过重男轻女，话里话外都挤兑自己没能生出孙子来，不能给这个家传宗接代，连他们在村里行走都觉得抬不起头来。

本来富足的生活遮上了一层阴霾，家里的冲突不断，尤其是和婆婆之间，战争频发，极端的时候，小刘都想一死了之。可是一想到以后三个女儿要是落到后妈手里，不知要受到怎样的对待，内心就难过不已。

直到有一天，二女儿幼儿园的院长跟她说的一番话，并推荐她不断学习，让她幡然醒悟：

生活都是自己的，自己怎么过，自己说了算；

别人怎么说，是别人的说法，自己管不了；

反思自己的问题，自己改变了，周围的人才会改变。

她说她回去想了好久，就想她为什么整天那么痛苦、难过地生活呢？好像全天下人都对不起她，都欠着她，自己全然一副受害者的模样。

她不想以后自己的女儿们生活在暮气沉沉的家庭，不想自己生活在阴沉灰暗中，终日怨气沉沉。生活是自己的，她决定拿回生活主动权。

等她决心改变，把那些"不得不、不愿意、不甘心"转换成"我选择、我愿意"之后，忽然发现原来很多时候都是自己戴着有色眼镜看婆婆，是自己的怨恨和不满过度解读了婆婆的言行。

等去找婆婆的优点的时候，发现其实婆婆为她们的小家付出了很多，别的不说，就说婆婆给她伺候了三个月子，带大了三个孙女，这就是莫大的功劳，而自己总是觉得婆婆各种不好，着实是自己的不孝啊。

等小刘心念转了，对婆婆的感恩心起，言行举止就转变了，笑脸增多了，两人的交流也逐渐增多。这时她才了解到，婆婆从小一直过得挺苦的，很小的时候父亲就去世了，是大哥撑起了这个家，所以她一直觉得家里有个男孩，能做家里的顶梁柱。

等她更多地了解婆婆，对婆婆孝顺后，婆婆也对她越发的满意，逢人就说，自己的儿媳妇比闺女还亲。

听了她的故事，非常感慨。人是怎样的一种生物，当被怨恨迷住双眼后，满眼看到的都是对不起自己的人，仿佛自己就是那个最委屈的人，整天生活在受害者模式中，内心凄苦、沉重。

一旦转念，走出受害者模式，发现其实笼罩在自己身上的，不过是自己的执念，是自己认为别人看不起自己、对不起自己，并且将这些想法投射到他人身上，不断地自我证实，从而盘桓在自己的阴影下，昏沉度日。等走出阴影后，发现外面晴空万里。

行有不得，反求诸己，自己改变了，世界也就改变了。

自己是人生故事的主人公，也是作者，怎么书写自己的人生故事，全在自己。

情绪的处理

小若回想起小时候的一些事。

小若小时候爸妈离婚了，把她寄养在外婆家，她记得在 4 岁时，妈妈答应周日带她出去玩。那天早晨，她早早起床准备好，等着妈妈来接。开始从早晨等到中午，又从中午等到晚上，妈妈一直没有来。她站在门口，一直哭，一直哭。

外婆起初还过来安抚她、劝慰她，说妈妈可能太忙了，有事来不了了，等下次妈妈有时间了，肯定会来带她出去玩的。别哭了，有什么好哭的。

慢慢地，外婆也不耐烦了，大声呵斥她：哭什么哭，一直哭、哭、哭的，烦不烦，再怎么哭，今天你妈妈也来不了了。

小若一想到妈妈来不了了，就哭得更厉害了。

最后，外婆气得拿起棍子抽了她两棍子。

小若吓坏了，停止了哭泣。

咨询师问她：当时有什么感觉？

若想起当时的事，还是会难过，她说感到很伤心，感到……被抛弃了，还有，被欺骗了……

情绪是一种能量，能来，也会走。可是，如果在孩子小的时候，她们的情绪没有被接纳或被允许，就容易被卡在身体里，不再离开。

比如，上面外婆的做法：

否认：不需要哭，"不就是妈妈没来吗？有什么好哭的？"

转移：没必要哭，"别哭了，带你吃好吃的，买好玩的。"

打压：不准哭，"再哭就揍你！"

大人的这些情绪处理策略，不会让孩子感受到情绪上的理解和支持，这些情绪就容易被否认和压抑下去，滞留在身体里，一直起作用，并容易制造相适应的情境来满足这些负面情绪的需要。如果压抑或否定孩子的情绪，容易让孩子的情绪阻抑或凝滞，得不到疏解，容易积累；如果用转移的方法教孩子避开负面情绪，孩子就会学习用替代品逃避情绪，比如，抽烟、喝酒或吸毒等，也是不恰当的情绪处理方式。

　　父母需要对孩子的情绪全然的支持和接纳，只是接纳，不要去阻止和否定，以帮助孩子更好地管理自己的情绪。

　　成年后的小若，不再是那个弱小的孩子了，她需要看见自己的情绪，了解它、接纳它，放下对它的需要，这样这些情绪才能自来自去。

为自己的情绪负责

《庄子·山木》篇中有一个故事，"方舟而济于河，有虚船来触舟，虽有偏心之人不怒；有一人在其上，则呼张歙之，一呼而不闻，再呼而不闻，于是三呼邪，则必以恶声随之。"

意思是说有人乘船过河，突然看到一条船就要撞过来了，但是船上没有人，即使是心胸最狭窄的人也不会发怒；但是，如果有一个人在那条船上，就会大声呵斥让其避开，叫一声不回应，再叫一声不回应，等到第三次再叫的时候，就容易恶语相向。

同样是一条船要撞过来，但情绪反应完全不一样。其区别只在于船上是否有人。

如果对面船上有人，乘舟者就会非常愤怒，谴责对面船上人的做法不合理，不能够理性避开他的船，各种评判就来了，因此这种愤怒的产生，是对船上人指向；而如果对面船上没有人，乘舟者不会愤怒，会积极调整自己的船，以避开那条横冲直撞的船。

刚才愤怒，而现在不愤怒，只是因为船上是不是有人？

如果船上有人，可船上的人是盲人且聋哑呢？还会愤怒吗？

所以，愤怒情绪产生的关键，是对对方船的评价。

如果认为对方船的掌舵人是粗心的、蛮横的、无礼的、不顾及他人的，乘舟人就会非常生气，对对方产生强烈的负面情绪。

如果不这样认为，只是觉得对方船上的掌舵人是因为急事没有关照到船的航向，或者其他什么原因没有看到其他的船只，乘舟人也不会生气，只是把它当成空船，就不会产生消极评价，自然不会产生负面情绪。

怒也？不怒也？与其说对方船是不是空船，不如说自己认为对方船是有心撞来，还是无心之失。

"自己的认为"就是情绪产生的关键。

　　情绪是诚实的，能够反映出你内心的认知模式，如果注意倾听自己的情绪，就能够更好地了解自己的内在认知和信念，看看是自己的什么想法产生了这种情绪。

　　从这个层面上来说，情绪是个体重要的内部反馈系统，是了解自己的重要方式。

　　如果你感到愉快、舒畅，说明你的生活正在正确的频道上；如果你感到不愉快，甚至很糟糕，就停下来反省一下，是什么想法让你有了这种消极情绪？

　　不要谴责外在事物，不是外在事物，而是你自己对外在事物的想法、判断和价值观念让你感觉如此糟糕。

　　回到内在的信念系统，去一层层地剥开洋葱的外皮，看看是你选择了哪种认知方式，从而产生了这样的情绪反应。

　　是的，认知是你的一种选择，你完全可以换一种选择，那么你就会拥有不同的情绪体验。

　　当你有意识地选择关注事物的积极面的时候，你就会发现很多事物都是美好。

　　当你感到不愉快情绪时，不要忽视你的情绪，更不要压抑你的情绪：

　　首先，你要关注它，感受这种不愉快；然后，释放它；再次，选择一个好一点的想法，想一些开心的事情，创设好一点的情绪感受。最后，放下你正在做的事，去做一些你喜欢的事。

　　去散散步，听听音乐，看看蓝天，或者任何其他你喜欢做的事，让自己重新回到情绪的积极范围中。

　　没有人需要为你的情绪负责，除了你自己。

情绪冰山的识别与转化

著名家庭治疗大师萨提亚提出了情绪的冰山理论，她将情绪的产生分成了六个层级，让我们更好地看到外在情绪和行为背后的内在过程，而一旦觉察到内在的一系列发生，就更利于情绪的识别和转化。

我们都非常熟悉弗洛伊德提出的潜意识冰山，他认为我们能够意识到的只是冰山一角，大部分的心理活动都是潜意识的，深藏在海水下面。这个理论的提出非常震撼，一度遭到批评、质疑和不解，但后来越来越多的人意识到，我们有太多无法意识和解释的情绪、行为，也有很多无法自主掌控的部分，开始承认潜意识的存在和对人类行为的重大影响。

萨提亚的冰山理论借鉴了弗洛伊德的冰山理论，但将意识、潜意识层级具体化，能更好地解释人类的行为和情绪。

人类的行为和情绪是外显的部分，在水平线以上，是可以识别、解读和测量的，但是背后的感受，感受产生的原因，个体秉持的信念、态度和价值观，对自己、他人的期待，以及内在的渴望，比如，渴望被爱、被认可、被接纳、被赞美、被尊重等，都是水平线以下的大部分冰山，如果能够通过不断地觉察、反思，就能够更好地识别和管理情绪，并及时让情绪转化，不会陷入情绪沼泽中无法自拔。

根据萨提亚提出的冰山理论，整理了情绪觉察日记，大家可以借助这个小工具，增进情绪的觉察，并进一步探索情绪背后的观点、期待和渴望，以不断增进自我探索，扩展自我边界。

1. 情绪觉察日记

请每日探索一天中的情绪，每天至少记录两次，你感受到了什么情绪？什么事件引发了这种感受，出现感受的原因是什么，你的观点和看法是什么？你的期待是什么？如何处理和转化它？

时间				
事件				
感受				
感受的原因				
期待是什么				
如何转化				

举例说明：

时间：2024 年 8 月 19 上午 10：00。

事件：同学又在议论别人。

感受：很烦躁、生气、不满。

感受的原因（观点）：我觉得不应该议论别人，每个人都有每个人的做法和想法，私下议论别人是不对的。

期待：我希望大家都能和平相处，创造有爱的氛围；我希望别人都能接纳我、喜欢我，至少不要私下议论我。

转化：我的想法只代表我自己的想法，改变不了别人，只能改变自己。别人怎么说是别人的人，我做好自己该做的就行了。

认知转变

合理情绪疗法的创始人阿尔伯特·艾利斯（Albert Ellis）认为，事件（A）本身并不能产生情绪或行为后果（C），能够产生C的，是个体的认知和信念（B）。同样的事情，不同的人会有不同的反应，是因为不同人的看法不一样。因此，想要拥有积极的情绪和行为，那就选择积极的认知和合理的信念。

换个角度看问题

有一次天降大雪，路上堵车特别严重。孩子学校考虑到傍晚路会不好走，于是决定中午11：30放学。本来孩子班车1个小时的车程，最后变成了6个小时，家长群里不断地询问大巴车的位置，回复总是"还在旅游大世界"。最后，终于在堵了5个小时，艰难地爬行之后，大车顺利地转到了观海路，一路回家了。回来后，孩子说，司机师傅和跟车的老师下去帮着推上去一辆小车，他们的大车就往前开一点，再帮着推上去一辆小车，大车再往前开一点，就这样一点点前进。我问孩子着不着急？他说着急有什么用？在漫长的等待时期，没什么事，就把大部分作业写完了，等到车开起来的时候，就睡觉。听到孩子这么说，顿感其心态真好，能够平和地看待如此长时间的堵车问题，从另一个角度来讲，这何尝不是一次宝贵的人生经历。

我们经常说起的"一根筋"，是指只从一个角度看问题，这样的人非常执着，容易在某一个领域出成果，但也容易钻牛角尖，固执甚至偏执，导致情绪问题。

而善于管理情绪的人，大多能从多角度看问题。

有一次曾任美国总统的罗斯福家中失窃，他给安慰他的朋友回信说：感谢你的安慰，我现在很平安，感谢生活：第一，贼只偷去我的东西，没有伤害我的生命；第二，贼只偷去部分东西，而不是全部；第三，最值得庆幸的是，做贼的是他，而不是我。

同样的事情，从不同的角度看到的是不同的解释，而不同的解释，就会带来不同的情绪体验。所以，并不是事情本身带来的情绪，能够引发我们消极情绪的，是我们对事情的解释。因此，改变看待事情的角度，换一种解释问题的方式，就会转变我们的心情。

无独有偶，纳粹集中营的幸存者、临床心理学家伊迪斯·伊娃·埃格尔在写《越过内心那座山：12个普遍心理问题的自我疗愈》时，遇到了两个以检查水龙头、测试水质为名上门行骗的人，骗走了她的项链、手镯、手表、首饰等一系列贵重物品，她开始也非常的愤怒、自责、内疚，但很快转念一想，"幸亏他们只是拿走了东西，没有伤害我""我已经让那两个贼偷走了一些东西了，不能让他们再偷走其他的东西"，于是不再抱持着恐惧、愤怒和羞耻了。

我们都是普通人，控制不了事情的发生，都有很多做得不足的地方，不管遇到什么事，接受自己的不足，原谅自己的不完美，换种角度看问题，也许你会收获不一样的风景。

好事与坏事

有一天姑娘回家说，坏事就是好事，好事就是坏事。我感到奇怪，姑娘为什么忽然这么说。

> 我问：坏事为什么是好事啊？
>
> 姑娘：塞翁的马丢了，是好事。
>
> 我：为什么是好事？马丢了，主人得多心疼啊，怎么会是好事？
>
> 姑娘：因为马领回了另一匹马。
>
> 我：那还真是好事。
>
> 姑娘：好事也是坏事。
>
> 我：为什么又成了坏事了？
>
> 姑娘：因为他儿子骑马把腿摔断了。
>
> 我：那可真是坏事。
>
> 姑娘：坏事也是好事。
>
> 我：儿子都把腿摔断了，怎么又成了好事？
>
> 姑娘：这样儿子就不用去打仗了，保全了性命。
>
> 我：原来坏事和好事都是相互转化的。

这是姑娘在学校听了《塞翁失马》的故事，回来和我的对话。这个故事大家都耳熟能详，可是能否应用到实践中呢？

塞翁是充满辩证思维和积极乐观心态的人，马丢了、儿子摔了，是大家都认为的坏事，但是塞翁却能看到坏事后面可能蕴含的好事，没有消极、抱怨、痛苦、不满，而是静待事物的发展和转化；多了一匹马，别人都觉得这是多么好的事，塞翁却认为这也可能是件坏事，因为好事也可能发生坏的结果。

好坏、得失本来就是我们内心的评判。当有了好坏的判断，内心就有产生了相应的情绪反应，得则喜，失则悲。悲喜的情绪就让我们难以看到得失背后的礼物。

舍亦是得，舍得舍得，如果没有舍哪有得？

可大部分在"没有得到"或"失去"后，都会伤心难过，或生气愤懑，抱怨心起。情绪是会传染的，也会影响到后续事物的进展。

塞翁失马，焉知非福。

知道其中蕴含的道理，也要能够应用到生活和工作情境中，就会打破"祸不单行"的魔咒，让坏事变好事。

习惯就像雪地上的小路

大雪覆盖了一世洁白，人行道和公园小路上，只有中间一个单行道，当第一个人踏出一行脚印后，第二个人、第三个人……就沿着这些脚印的附近走，本来白雪覆盖之下，看不见了路，但走的人多了，也就有了路。而以后踏上这条小路的人，也都沿着这条路走，因为不知道周边没走的路有没有坑，所以，沿着前人走的路去走，就是最省劲、最安全的选择。

习惯就像雪地上的小路。

有一天，偶遇一退休教师，是脑神经方面的专家，知道我是学心理的之后，就说我需要去学习脑神经科学的知识，不然研究是做不深的。然后，跟我说了很多脑科学的知识，说人类一切的行为，都是脑神经活动的结果，脑电发出的信号，神经元的相互连接，使得某些神经通路变得发达。这些年，认知神经科学成为认知心理学的研究前沿，主要是探讨行为的脑神经方面的奥秘，分析不同行为和心理背后的脑区活动。

我们大多数人习惯用右手，是因为控制右手的神经元经过长时间的链接，变得非常稳固，所以，一遇到需要手的活动，自然而然地伸出右手去做；而如果从小训练左手的控制脑区，写字吃饭等自然习惯性用左手，因为通向左手的小路更通畅。

神经科学认为，任何的行为习得，都是大脑内的相关神经元产生相关链接的过程。可能就像大雪过后的小路，刚开始是几行脚印，等走的人多了，逐渐就形成了路，走的人更多了之后，路就越来越坚实。神经元的连接也是这样，刚开始是弱关联，等到同样的动作反复出现之后，就形成了强关联。等形成强关联之后，不需要再有意识地去做，脑电信号自然就首选已形成的强关联通路，也就形成了习惯。

习惯已经形成，是不好改变的，就像路已经踩下了，就形成了路。

路形成了，有很多的好处，可以自动化前行，不用再探索新路，也不用担心其他白雪覆盖的路下潜藏着一个大坑。

但是，有些路给我们的生活带来了阻碍，也就是有些习惯并不能给我们带来福祉，反而影响工作效率、生活质量，比如说拖延、懒惰等。

$$1.01^{365} = 37.8$$
$$0.99^{365} = 0.03$$

网上有个流传已久的公式，是说如果一个人每天改变一点点，365 天以后将会有很大的变化，而如果每天消耗一点点，365 天之后的退步也是惊人的，这就是微习惯带来的巨大改变。

好习惯的形成就像去踩一条新路的过程，刚开始肯定是几行脚印，只形成大脑神经元之间的弱关联，但踩的次数多了，也就形成了路。行为重复次数多了之后，就会在大脑神经元之间形成强关联，也就形成了新的习惯。

著名心理学家詹姆斯曾说，习惯就像储蓄，养成了好习惯，以后就可以靠银行的利息过活。

微习惯的养成之法

如何形成良好的微习惯呢？立下 Flag，希望能够改变，比如说早起读书，但是坚持几天之后，往往是无疾而终了，最后又回到自我证实的预言："我就是无法早起的人。"

《微习惯》的作者斯蒂芬·盖斯（Stephen Guise）分享了他的习惯养成之法。

微习惯的养成不需要靠意志力控制，也不需要经历痛苦的体验，只需要每天做出一点点微小的改变就可以。微习惯的原则是"微量，坚持"。

作者自己分享了他的微习惯养成之路，他要求自己每天只做一个俯卧撑、只读一页书、只写 50 个字。他称这是"简单到不可能失败的自我管理法则"。他因为坚持了这几个微习惯，两年后拥有了很好的身材，写了比过去多 4 倍的文章，并出版了自己的著作。

"聚沙成塔""积少成多"，不要小看微小的力量，虽然是小小的行为，却会带来巨大的坚持。因为量少，不会造成负担，不需要非得靠强大的意志力支撑，轻轻松松就能做到，而很多时候，在做的时候，会因为太轻松、太简单，就会多做一些，超额完成。

斯蒂芬·盖斯对如何建立微习惯，总结了 8 个步骤。

1. 选择适合自己的微习惯。

2. 挖掘每个微习惯的内在价值。

3. 明确习惯依据，将其纳入日程。

4. 建立回报机制，以奖励提升成就感。

5. 记录与追踪完成情况。

6. 微量开始，超额完成。

7. 服从计划安排，摆脱高期待值。

8. 留意习惯养成的标志。

习惯的形成需要大量的重复。

反路径依赖

《反本能》一书的作者卫蓝曾这样描述路径依赖：当我们长期进行一种行为时，大脑会慢慢形成一个专门处理这个行为的"绿色通道"，所以当自己面临相似的场景时，大脑会对这种行为进行优先选择，并进一步形成自动化反应，这就是习惯的形成，我们总是习惯于朝左走或朝右走，习惯于去某个超市、某个药店，去吃某家早点，在教室坐在某个位置，却很少思考为什么会这样。

几米的漫画《向左走 向右走》阐释了习惯的巨大力量。

几米讲了住在同一个旧公寓楼的两个青年男女，一墙之隔，却从来没有见面的故事。她每次出门，不管去哪里，总是习惯性往右走；他每次出门，不管去哪里，总是习惯性往左走。因此，他们虽然住在同一座大楼里，却从没相遇。有一天，他们在公园的圆形喷水池相遇了，两个人相见恨晚，度过了一个甜蜜愉快的下午，可是傍晚时大雨倾盆，他们匆忙留下电话号码就分手了，那个年代还是用纸条写下的电话号码。

可等他们回到家之后，他俩的纸条已经浸湿了，号码模糊不清，无论怎么尝试，也没有找到对方，于是就在公寓里等着对方的来电。然而，谁也没有等到。此后，他们还是一个向左走，一个向右走，并再也没有遇到对方。

印度有句谚语：行为决定习惯，习惯决定性格，性格决定命运。改变行为就是改变习惯，从而改变性格和命运。

如何打破路径依赖，走出强大的行为惯性？

习惯形成之后会进行自动化反应，也就是不需要经过大脑加工就会产生的无意识反应。这些习惯反应为大脑节省了很多能量，一些好的习惯也能够为我们提供高效的信息处理。

而如果想要改变习惯，就需要将无意识的反应纳入意识的层面，这就需要第一步，即保持对当下行为的觉知，并有意识地进行新行为选择，这就是打破习惯的自动化反应，建立新的大脑神经元连结的过程。

　　第二步是强化连结。刚刚建立的新连结还不稳固，需要不断地重复来增强这些连结。就像踩出来的小路，一开始还是不清晰的，但经过这条小路的次数增加后，这条小路就会开辟得越来越彻底，进行新行为的阻力就会越来越小，最后形成优先选择的路径。

请不要开错窗

　　一个小女孩趴在窗台上，看到窗外的人正在埋葬她心爱的小狗，不禁泪流满面，伤心不已。

　　她的外祖母见状，连忙引她到另一个窗口，让她欣赏她的玫瑰花园，小女孩的心情顿时明朗。

　　老人拥着女孩说："孩子，别开错了窗。"

抑郁的人给自己很多标签，认为自己是无价值的、无意义的、失败的，生活是无乐趣的，世界是黑暗的，他人是敌意的。

有了这些负面想法之后，躺在沙发上，就会想起一件件痛苦和失败的事。

当整天想负面的事情，就会激活负责情绪的中枢杏仁核，负面情绪的神经就会得到强化，负面思想的回路就会得到加强。

另外，负责记忆的海马体，会调取了负面情绪的记忆。比如：

　　小时候真的很悲惨，父母离婚之后，各自成了家，不管去谁家都感觉自己是多余的；

　　没有考上理想的高中，在高中非常努力，可是不管怎么努力，也没有考上理想的大学；没有人爱，别人都有男同学追求，送花，可是没有人理我，我是不被欢迎的……

想不好的事情，所有不好的事情就会接踵而来，就会想"我怎么这么命苦啊，怎么这么失败啊，怎么这么倒霉啊"。看吧，负面思想，负面回忆，负面情绪，这是一个循环，一次次加重。

洪兰教授在演讲中说，你的想法会改变你的神经，你的神经又影响你的行为出现，你的行为出现，又改变了你的大脑。

所以说情绪是操之在己，不是别人使你不快乐，是你自己使你自己不快

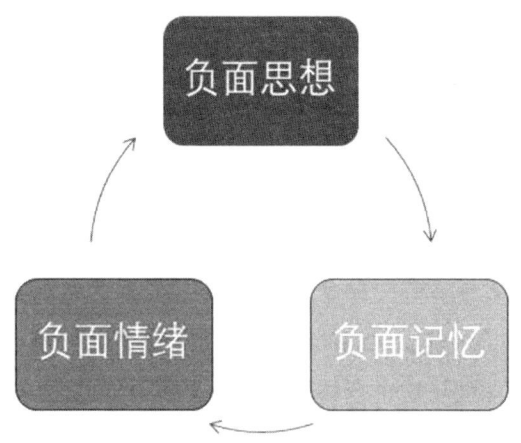

乐，控制权在你的手上。

　　情绪是认知对情境的解释。要想打破这个负面循环，就需要改变认知，学会转念。美国心理学之父威廉·詹姆斯曾说，转变了心态，人的生命就改变了。一念成佛、一念成魔，很多喜乐也在一念之间。增加觉察，学会转念，当回忆生活中美好的事物时，海马体就会调取美好回忆，心情也会跟着好起来。

　　没有任何一个地牢比心牢更幽暗，没有任何一个狱卒比自己更严厉。

　　分享一个积极心理学的小方法，可以让你感受到生活中的小确幸。

　　每天记录生活中的三件好事：

　　　　不用是多么轰轰烈烈的大事，可以是一声问候，一个微笑，一餐美食，坚持一段时间，就可以重塑大脑积极回路，可以让你的心境获得转变，从而感受就不一样了。

　　当你感到心情不好的时候，可能只是开错了"负面"的窗。换到另一边，打开之后，也许就能看到玫瑰园。

寻找积极面

有个初中的孩子跟我讲，他们语文老师太讨厌了，大家都不喜欢她。上课的时候特别较真，有一次，只因为他说错了一个字，就让他站着，其实那个字很多同学都没有注意到，何必那么认真？

都说"信其师，从其道"，如果学生对自己的老师没有正面的态度，就无法产生积极情感，无法从这个老师的课上获得积极体验。

我说："我们一起来找找老师发现你的错误后，让你站着听课的好处吧。"

学生说："我觉得可没面子了，哪还有什么好处？"

我启发说："说错了一个字，让你站着听课，会不会加深对这个问题的印象？"

学生说："我以后肯定牢记这个字了。"

可是学生还觉得不过就错了一个字，至于吗？

我给他分享了"一字之差"可能出现的严重后果。

在1930年，阎锡山和冯玉祥联手对抗蒋介石，决定在河南北部的沁阳县会师，一起讨伐蒋介石，但是作战参谋把"沁阳县"写成了"泌阳县"，泌阳县在河南的南部，南辕北辙，会师失败，讨伐蒋介石的计划也破产了，作战参谋也因为一字之差送掉了性命。

说到这里时，学生又想起苏联的宇宙飞船"联盟一号"，因为一个小数点输错了，最后导致飞船爆炸的事。

于是他感慨地说："细心真的很重要。"

老师不放过学生的错误，不迁就学生的粗心，希望学生能够记住哪怕一个字的错误都是不能犯的，这样可以培养自己细致耐心的好习惯。

这时，学生又想起老师的其他优点，说语文老师虽然是年轻老师，但是非常认真，经常把题做完之后，再去和其他老师探讨，彻底理解了再给他们讲。

说到最后，学生觉得虽然老师非常严格，但是有这样的老师是非常幸运的，所以他要好好学习。

认知决定情绪，态度影响行为。当对一个事物的认识改变了之后，内在的情绪体验就会发生转变，行为就会改变。

亚历克斯·佩塔克斯（Alex Pattakos）在《思维的囚徒》中提供了一种转变思维的练习方法：十大积极结果练习。如果遇到不顺心的事，就想想这件事的好处，列出这件事的十个积极方面。

没有糟糕至极的事，即使失业、失恋、生病等重大挫折性事件，也能从中找出诸多积极面，只要转换思维，用积极的眼光去寻找。

这个练习可以帮助我们看到事物的另一面，做这样的思维练习之后，就会转变消极思维的限制，转而以积极的思考方式来面对发生的事物。

我们无法改变事情的发生，无法决定他人的做法，但是可以选择对待事物的态度。始终抱持着乐观的态度，看到事物的积极面，就会给自己带来更多的积极性，也会促使事物朝着积极的方向发展。

因为导演的"在吗"引发的内心小剧场

春节看相声《导演的"心事"》，我跟坐在旁边的先生说，在心理剧中，我们经常选多个角色来代表自己的内心活动，最常见的就用两个人表演头脑矛盾的两方：如一个自我说多吃一点吧，过年了；另一个自我说，过年也不能放纵自己；一个自我说我就抽一根烟，不影响戒烟；另一个自我说，决定了戒烟，就必须坚持，有第一次破例就会有第二次；一个自我说我就玩一会游戏，然后再去学习；另一个自我说先把学校的作业完成，再去玩游戏；

在《头脑特工队》里，导演非常有创意地把小女孩莱莉内心的情绪用具象化的形式表现出，五个不同颜色小人分别代表莱莉的五种不同情绪：乐乐、怒怒、厌厌、怕怕和忧忧，他们一起控制着头脑中枢的工作台，反映着莱莉的喜怒哀乐。

而导演的"心事"，用六个不同衣着的人代表着金霏内在的六种不同的念头，还有一个三闪而过的念头。当导演发了一条短信"在吗?"时，金霏不知道该怎么回，不同的念头就出不同的主意，有乐观的、悲观的、瞎说的、爱跳的，还有一闪而过的，每个念头都给了金霏不同的信息，然而他还是不知道该怎么回复。刚想回复的时候，忽然发现导演将短信撤回了，这下问题更多了，不同的念头又开始了一番演绎，搬上舞台的剧场，活脱脱一幕内心小剧场。

张德芬写的《遇见未知的自己》里面有句话："外面没有别人，只有自己"，是说外面所看到都是内在心理的投射。同一件事，不同的人会有不同的看法，从而产生不同的情绪，是事情直接导致的情绪吗? 不是，是个体内在的认知和信念。

看到领导发了条短信"在吗"，有的人会直接回复"在"，领导的心思你别猜；没看到就不回复，撤回了就撤回了，这是领导的事；或者像相声的最后金霏直接打电话询问一下什么事情。

但就是有很多人在内心做出各种猜测，让自己心神不宁，坐卧不安，浮想联翩，这就是经常说的心理内耗。看过一个对内耗的说法，非常经典：

> 言未出，结果已过千百遍；
> 身未动，心中已过万重山；
> 行未果，假象苦难愁不展；
> 事已毕，过往仍在脑中演。

外在的事情，往往是内心的投射。在内心展演千百遍，不如去做事。想都是问题，做才是答案。分清楚世间的三件事，老天的事、他人的事、自己的事。老天的事情，自己管不了，只能顺其自然；他人的事，自己管不着，就像导演发个短信，撤回短信，这都是我们无法决定的；自己的事，自己好好做好，这就非常好了。

管理自己的注意力

著名的魔术师，都是注意力捕获专家，他们会利用人们的注意力特点和已有的概念，进行注意力控制游戏。阿波罗做过一个实验，让大家都注意自己手中的钞票，他要用五张钞票变魔术。当大家都把注意力放在阿波罗手中的钞票的时候，桌子换成了小凳子，帽子换了顶新的，上衣口袋多了一个手帕，所有的背景海报全都换成了别的。这就是大脑的特征之一。我们都以为我们注意到了周遭的世界，其实我们只是注意到了自己的注意力关注到的那一小部分。

我们的大脑只允许我们每时每刻注意在一件事情上。

我们无法关注到所有的事情，大脑会选择当下对自己来说最重要的事情。

在大脑的注意力功能中，有一特殊的装置，叫过滤器，最早是由布鲁德本特在1958年提出的，他发现人同时注意的信息量是有限的，只能注意到一部分的信息，其他的信息都被过滤掉了。他用双耳分听实验，让被试的双耳听不同的信息，结果发现，被试只能以某一耳朵通道为单位复述信息，而另一个通道的就容易过滤掉，所以他提出的模型被称为过滤器模型，也称为单通道模型。后来有个著名的女科学家特瑞斯曼发现，另一个通道的信息并不是全部被过滤掉了，有些对我们非常有意义的信息，非常敏感的、阈值低的信息，是可以通过另一个通道的，比如，在嘈杂的鸡尾酒会上，大家都跟不同的交流对象热切地交谈着，不会关注周围人在说什么，但是远处传来一声对你的名字的呼唤，你会赶紧转身，看看是谁在叫你。这就是说，像名字这样对每个人都很重要的信息，是可以通过过滤器的筛查装置，进入我们的意识系统的，所以，特瑞斯曼认为，虽然要求被试注意某一个通道的信息，但另一个通道的信息也不是完全被过滤掉，只是衰减了大部分信息，那些有意义的、阈值低的还是会通过过滤器，进入大脑的知觉加工系统，这个模型称为衰减器模型。

这两个注意力模型都认可注意力是有限的这一特点，都同意有个过滤器装置进行信息的筛选和过滤。所以，后来人们将这两个模型合成为过滤—衰减模型。

从相关研究我们可以看到，人的注意力是非常有限的，注意到一个事物，可能就无法注意到另一个事物，有人把注意力比喻成聚光灯，一道狭窄光束照亮你想照亮的东西，你以为看到了周遭的事物，其实你只是关注了聚光灯下的很小的一部分。

当我们了解到注意力的这个特性的时候，就需要观照注意力，管理注意力。如果你将注意力放在过去，那么就无法放在当下，更无法展望未来。当注意力放在过去的时候，就给过去的事投注了太多的能量，将其放在聚光灯下，只看到自己做得不好的、失误的或令自己后悔的事情的时候，就更容易产生抑郁、悲伤、沮丧等消极情绪。研究发现，抑郁症患者更倾向于注意负面事物和负面情绪。我们都知道所有的事物都是两面的，单纯关注了事物的阴影，就看不到事物的光明。

如何管理自己的注意力？

首先，将自己的注意力放在当下。关注自己当下正在做的事情，不管是工作、走路、看书，还是吃一个橘子，这就是当下最重要的事情。

其次，将注意力放在事物的积极面。任何事物都是两面性的，关注负面就放大了负面信息，关注正面就强化了正面，要想让自己保持愉快心情，就要有意识地训练自己的注意力，多关注事物的积极面。

最后，增强对事物的觉知。随时关注自己的一呼一吸，当注意力游移到别处时，深吸一口气，再慢慢呼出去，用呼吸将注意力带回到当下。

昨天的阳光晒不干今天的衣服，明天的风雨淋不到当下的自己。开悟的老和尚说，人生就是该吃饭时好好吃饭，该睡觉时好好睡觉，该劈柴时好好劈柴，如此而已。

此事要躬行

南宋陆游曾写过一首教子诗,其中有句"纸上得来终觉浅,绝知此事要躬行"非常有名。只有真正去做了,才能有体验,有感受,才能更深切的理解这是什么。

以前接待过一位非常严重的社交恐惧者患者,已经多年没有迈出家门一步。但听说周围的小伙伴都已经结婚生子,想想自己再这么宅下去,真的就废了。当时我正好在电视上做过一期访谈节目,家人就辗转联系到我,希望获得帮助。

对于有强烈改变意愿的人,心理咨询是能起到很好的推动作用的。他不敢见人,更不敢跟别人讲话,我跟他分享了放松脱敏的方法,先从早晨没有行人的时候开始出门,再一点点进步,如果见到人,感觉到紧张的时候,就用放松减压的方式调整自己的紧张。

第二次见面时,他说一点没用,他还是不敢出门,怕见人。我很好奇地问,教给你的方法用了吗?他说没用,用了也没效果。

于是我明白了,我说那你跟着我的指导语,现场做焦虑放松。

等做完后,他说真的有用啊,他胸口不再那么憋闷和紧张了。

当然有用,身体的放松,会带来内心的放松。之所以之前觉得没用,是没有去做,只是想当然地认为没用。

"想当然"是大脑经常爱跟我们开的玩笑。它用旧有的经验或已有的成见,来看待新的事物,这样可以给自己带来安全感,不被陌生或不确定的事物所影响。

然而,只是想,并不一定是真实的。

想是一回事,做到之后的真实体验又是另一回事。

所以,用身体去验证一下,得到的"体验",是会影响到自己的认识和看法。

这是具身认知主张的重要观点。

　　具身认知认为，人不能只靠头脑去认识事物，身体也不仅仅是一个容器或载体，它同样肩负着认识外在事物的重任。皮亚杰提出的认知发展的第一个阶段，是感知运动阶段，婴幼儿靠吃、咬、触、摸、扔等身体动作来感知外在的世界，可见身体动作在认知发展中的重要作用。

　　我们经常会根据身体动作来指称外在事物，如右为上、左为下；向前走，意味着前进、进步、积极；向后走意味着后退、消极等。

　　心理的体验也会受到身体动作的影响，比如说人在开心的时候会微笑，而一旦意识到自己在微笑的时候，会更开心；如果一个人比较难过，从镜子里看到泪流满面的自己，会更难过。

　　记得以前同学分享了一个案例，她说那个学生坐在咨询室的沙发椅上，就像"陷"在里面一样。

　　一个"陷"字，立刻让我们想到来访者的画像，那么消极、抑郁和无助。

　　大家也可以仔细观察一下，走路抬头挺胸的人，往往自信心比较强，有较高的自我效能感；走路低头含胸的人，往往不够自信，不够积极阳光。

　　给我们的启示是，我们可以通过改变身体的动作，来改善心理状态。只是走路抬头挺胸，就能让你有不一样感觉，你完全可以试一试。

　　对自己的身体动作保持觉知，经常保持积极昂扬的姿态，保持微笑，保持身体的直立和挺拔，自己的心理状况也会越来积极和愉悦。

　　看到、听说、知道，都不如做到，因为切身体验是最重要的，躬行重于知道。

不被思维所困

上学的时候，老师说过一句话印象非常深：当一个人不被思维所困的时候，会有很多条路可以走。

头脑中的想法往往会影响或决定自己的感觉、行为，而这些想法是自己内在信念的表现。

相信什么，就会有什么想法，就会看到什么。

心理学家斯科特·派克（Scott Peck）曾分享过一个案例。

有个来访者离他的诊室大约 20 分钟的车程，有一次抱怨说开车到诊室所需要的时间太多了，斯科特告诉他有条近路，可以节省不少时间，并给了他一张地图。6 个月以后，这位来访者又开始抱怨说路程太远，需要的时间太长，斯科特奇怪地说不是给了你一张地图吗？他说丢了。于是，斯科特又给他画了一张地图。又过了一段时间，来访者又再次抱怨说路程太远。

当问及是否走近路的时候？他说走了，没节省多少时间。这时斯科特说治疗停止，现场测试两条路所需的时间。斯科特开车，来访者做记录，结果近路能节省 5 分钟。

这时来访者已经咨询了 2 年，每次到诊室来回多花了 10 分钟，两年就是多走了 2000 分钟路，也多驾驶了 12000 公里。

每个人都有自己的思考方式，并且不愿意放弃自己已有的思考方式，只认可自己熟悉的，并想当然认为是对的。当不改变自己的思考方式时，是不会有进步和成长的。

改变意味着痛苦，改变习惯的思考方式，意味着冒险，而冒险就是未知。我们太习惯在自己的方式里，在自己的舒适圈里，而不尝试着一点点冒险。

叔本华曾说过一句话：世界上最大的监狱，是人的思维。

想要走出思维的牢笼，需要先知道自己当下在想什么，需要观察自己的思考方法，然后分析这种方式合适不合适，要不要改变，还有没有更好的方式。

这种对思维的观察和认识，在心理学上称为"元认知"，也就是对认知的认知。

元认知的能力是高于认知之上的能力。

有个成语叫"左右为难"，不管选择左边，还是右边，都不能达到理想的目标，于是产生困顿和迷惑。假设左右为难只在一楼，你站在"左"和"右"的中间，肯定为难，但是如果你到二层楼，再来看"左"和"右"，你会发现选择哪个都行，因为两个都在你的视线下面，不再分左右了。

具体来说，之所以出现左右为难的境地，是因为我们和"左右"是在同一维度上，如果我们提升一个维度来看，就很清楚了。

有人把这种思维叫立交桥思维，很形象地说明了不同的认知维度。启动元认知，提升自己的认识维度，扩大自己的认知范围，就更容易走出思维的困局，看到更多条可走的路。

聪明的狐狸爸爸

　　山上的一棵大树下有个洞，洞里住着狐狸一家：狐狸先生、狐狸太太和它们的四个孩子。

　　狐狸先生经常到山下的饲养场偷只鸡，或偷只鸭、偷只鹅给它的家人，终于惹怒了三个饲养场主。三个饲养场主下定决心抓住那只狐狸，于是拿着猎枪守在狐狸出入的洞口，等待时机。

　　晚上，机警的狐狸爸爸小心翼翼地探着爬出洞口，以为没什么危险大胆向前走的时候，发现月光映照在某个闪光的表面反射出的光，突然发现了猎枪，迅速跑回洞的时候，还是被饲养场主们发现，被打掉了尾巴。

　　三个饲养场主决定用铁锹把狐狸们从洞里挖出来，狐狸爸爸带领全家继续向前挖洞，展开人狐挖洞大赛。

　　终于，人挖累了，又想出用挖掘机的主意，狐狸们刚得以喘息，又听到了轰隆隆的机械作业声，它们辛苦挖出来的长长的地道很快看到亮光了。于是，它们在狐狸爸爸的带领下，又展开了机狐大赛。

　　机器的力量是巨大的，挖了一天一夜，直到把小山挖成了大坑。

　　但生命的力量更强大，为了活命，狐狸一家拼命地挖洞，一直一直挖，才能不被机器挖出来。

　　大赛结束后，三个农场主决定采取围困策略，守在洞口，不怕他们不出来找吃的、喝的。并且他们还想到万一狐狸们把山钻透了，从山的那边逃走怎么办，于是调动了所有农场的 108 个工人，将山团团围住。等待狐狸的命运，不是被抓，就是被饿死。

　　被围困了三天三夜的狐狸们，又累又饿，心中充满了惶恐，就在大家快要绝望的时候，狐狸爸爸突发奇想，妙计上头，领着四个小狐狸朝一个特定的方向挖。

　　有希望就有力量，小狐狸们跟着爸爸使劲地挖呀挖呀，竟然准确地挖到了鸡舍的地下，小心翼翼地推开木板，进入养鸡场最大的 1 号鸡舍，激动得手舞足蹈，他们挑了三只最肥的母鸡，又原路返回，将木地板复原；然后他们又挖到了鸭鹅场的地下，挑了很多肥鸭、肥鹅和熏肉；最后他们挖到了地下苹果酒窖，抱了三坛子苹果酒，回到了地下的家，准备开个盛大的宴会。

它们同时邀请了所有因为挖山遭难的地下小动物们，鼹鼠、獾、兔子、鼬鼠们拖家带口地一起参加宴会，因为狐狸先生说都是因为它，才让这些小伙伴们无家可归、四处逃窜的。

这下好了，他们再也不用到地上找食物，还避免了不可预测的风险，他们已经找到了地下食物宝库，可以在地下生活一辈子。

本来是一个困境，在狐狸爸爸的逆向思维作用下，将困局转变成有着丰厚仓库的美食局，不可不赞叹狐狸爸爸的机智、勇敢、胆大、心细和顾家等良好品质了。

当陷入困境的时候，其实是思维进入了死胡同。如果学会逆向思维，一个小的转变，往往会扭亏为盈、转败为胜。

这就是思维的力量。

狐狸要不要偷鸡

狐狸一家被三个饲养场主围困三天了，狐狸先生、狐狸太太和四个孩子都没有吃东西，没有喝水，在困顿之际，狐狸先生想出一个大胆的主意，带着四个孩子朝着鸡舍挖洞，一直挖到博吉斯一号鸡舍下方，在遇到獾先生的时候，獾先生问：

"这样做好吗？"

狐狸先生说："我的太太和孩子们都快饿死了，我难道不能去偷几只鸡吗？"

"全世界的人难道有谁知道自己的孩子快要饿死的时候，也不偷几只鸡？"

这让我想起海因兹的故事。

海因兹的太太得了重病，只有一种药能治。恰巧本城的著名药剂师发明了此种药物，能专门治疗他太太的病。但是，当他去买药的时候，发现价格极其昂贵，根本支付不起，他央求药剂师可不可以便宜些，或者允许他赊欠，但都遭到了药剂师的残忍拒绝。最后，海因兹万般无奈，在一个月黑风高的夜晚，去药剂师家里把药偷回来了。

海因兹偷药对不对呢？

这是一个经典的道德两难问题。

如果是你遇到这个困境，会怎么处理这个难题？支持偷药，还是坚决不偷药？

当然，你会说，你有足够的钱去买药，或者找亲戚朋友借足够的钱去买药，或者其他合理合法的方式，既可以避免犯罪，又可以让妻子得到及时的治疗。

可是，如果真的陷入困境，没有任何办法得到钱，又急需这种药来救命，你会怎么选择呢？

柯尔伯格提出了道德发展阶段三水平六阶段理论。

一般在孩子10岁以前的时候，判断事物是以外在标准为主，如果行为受到奖励，就认为这是好行为，受到惩罚就认为这是坏行为，服从权威，避免惩罚。功利取向是以满足自己的需要为取向，满足的是好的，不满足的是不好的。

到了少年期，逐渐开始遵从社会的规章制度和社会规范，认为服从社会规范是好的，不服从是不好的，具有道德绝对主义倾向。

到了青年期，道德标准内化于己，遇到与道德标准冲突的矛盾时，自我可以做出选择。服从于内心的道德良知，尊重个人的尊严、生命价值和全人类的正义；个人可按伦理原则进行选择，如海因兹有责任挽救任何人的生命（包括妻子和陌生人）。

狐狸要不要偷鸡？海因兹要不要偷药？

狐狸是动物，天性就爱吃鸡，看见鸡就想偷，符合生物链规律，遵从动物本能，不能用道德来评判。

海因兹是人，具有社会性，有道德评判标准，在要不要偷药这方面，肯定会有一番道德纠结，然而，在生命面前，海因兹选择了尊重生命，违法道德和法律。

他做的对不对，不同的人，自然有不同评说。

没有答案。

如果海因茨不偷药，会造成妻子的痛苦死亡，以及亲人朋友的痛苦，因此不偷药是恶毒的。但是海因茨偷药，又会造成了药师的痛苦，因此偷是恶毒的。由此我们可以判断，海因茨偷药，在道德上不应受到谴责。假若道德否定海因茨，道德必存错误。在道德上应承认海因茨偷药是正确的。但道德与法律终究是两回事，海因茨偷药，在法律上是错误的。为了不破坏法律制度，造成社会性伤害，在法律上必须否定海因茨。否则，法律必存错误。所以，这是典型的两难问题。

关注念头

想到华大生物 CEO 尹烨讲的一段话，他说意识和物质是相连的，念头一动，就会有消耗物质，激素就会变，就会对身体产生影响。人的神经系统、免疫系统、内分泌系统是相互关联、互动互助的，所以人的起心动念能够影响到健康，很多疾病都是从念头开始的。

阳明先生曾经说过，念头一动就是行了，所以要关注自己的起心动念。人的本心无善无恶，但是意念有善有恶，要关注自己的念头是善还是恶。有时候人之善恶，只在一念之间，只要一念为善就是善人，只要一念为恶，就是恶人了。

跟大家分享一个听到的故事：

有一官员卫仲达，死后到冥间接受审判，鬼差把他平时所思所感的案卷拿来，发现过失非常多，连平时一个不好的念头都会记录在案。但是有一件好事非常有重量，原来是他曾经给皇帝上书，不要大兴土木，劳民伤财，虽然没有采纳，但是他这一念在于为万民请命，功德无量。其发心是好的，所以善恶不在于最后有没有成为最终的行为，而是要看发心，看看自己的起心动念，是善念还是恶念，天地之间自有一本账目在，不可不警醒。

如果只是古人的哲思判断，很多人可能觉得是唯心主义，但是尹烨的表达就让我们更清楚地知道意念的影响力，所以要关注自己的起心动念，为了自己的心绪平稳、身心健康，要时刻让自己回归到正念之中。

分享一首哲人的小诗：

观照你的心念，因为它很快会变成思想；
观照你的思想，因为它很快会变成语言；

观照你的语言，因为它很快会变成行为；

观照你的行为，因为它很快会变成习惯；

观照你的习惯，因为它很快会变成个性；

观照你的个性，因为它很快会变成命运。

而你的命运，就是你的人生！

积极吸引积极

人生有很多不如意的事，不是所有事情的发生，都按照我们的意愿进行；不是所有事情的发生，都是好的事情。那些发生的事情是好是坏，很多时候不是我们主观意志所能主宰的，但是我们可以培养一种能力，一种思维习惯，就是不管遇到什么事，都可以把注意力关注到好的一面。

任何事情都是两面的，即使看起来非常糟糕的事，也会有积极的一面，虽然当糟糕的事发生时，把目标转向积极的一面并不容易，但是如果我们有意识地去找其积极面，生活会变得容易一些，慢慢培养自己的积极思维方式，也会让自己变得更积极、更健康。

如何保持一个积极的态度呢？

首先，找到阻碍我们积极思维的原因。如果可以，找个安静的地方，坐下来，找出笔和纸，回想一下最近出现在生活中的人和事，尤其是关注那些不如意的事情，你当时的想法是什么，不用管逻辑和表达，想到哪儿，就写到哪儿。

其次，梳理自己的思维方式。如果你把自己的所有想法列了下来，梳理自己的思维方式，就能找到自己的消极思维。你是不是经常按照自己的想法进行猜测？将自己的恐惧或担忧投射到一些人或事情上？或者将一些事情过分概括、过分夸大？或者是没有确切证据的时候，就做出结论呢？

再次，跟自己的消极思维辩论。曾听有个人这样说：所谓的假设都是设想的，都是假的。很多说法，如果转换过来，把对他人的指责换成自己，你会发现依然成立。只是我们都太习惯以自己的立场和视角看待别人和世界，一不小心就掉入受害者思维中。

你可能会觉得"你永远结不了婚，或者是你永远不会有钱，永远不会找到好的工作……"如果是那样想，你就亲手将自己的生活设置成了限制状态。如果你自己觉得自己像个受害者，你就已经是个受害者了。

最后，采取行动，一旦你找到了自己的消极思维方式，就用积极的思维方式来取代。比如说我不够好，可以变成我每天都在进步，我没有钱变成我的钱财有限。为了吸引积极的事物进入你的生活，你需要积极对待生活中的每一个念头，从每件事物中寻找它的美好，慢慢地，你就会发现你为自己创造了更积极的生活。

和生活中所有的事物一样，改变想法需要一个过程。人的思维是有惯性的，很多时候是在潜意识中自动化完成，如果不经过审视和反思，可能并不觉得会有什么问题。所以，要想找转变思维模式，需要耐心，改变不是一蹴而就的。

可以记录一下有多少次你发现自己有消极的念头，然后用积极的想法代替了它，有意识地这么做，一个月以后你绝对会看到进步，积极会吸引更多的积极。

当你开始把想法变成积极有力的行动，你生活中的每一部分都会发生改变，如果你继续改变自己的思维，为自己设立一些目标，越具体越好，不管你的想法看起来是多么的荒唐，只要是出自你的真心，就请说出来，然后努力实现它。

想象中的困难最难

去年的时候补了多年的一颗后槽牙坏掉了，成了一个空壳，我想去补一下，不能就这么拖着。虽然理性上知道，但是很打怵，专门去咨询了一下口腔科的老师，他给出了三项方案，当然最好就是拔掉，重新种植一颗，因为剩下的牙齿不一定能保住。还给我推荐了口腔医院的医生让我去看，我答应着，但一直拖着。

再有一次鼓起勇气想要看牙，本来已经定好了时间，但是又因为临时开会，就又拖着了，直到今年去体检，大夫说一颗牙坏掉，周边的牙都可能会受影响，慢慢地坏掉。不看是肯定不行的，于是就想着找个空的一天去看牙，不管拔牙、补牙，还是种牙，都得需要很长时间，还可能跑好几趟。

后来终于得空去看了看，没想到不到两个小时就完成了，全程还无疼痛，大夫还跟我讲了个病例，说刚开始不重视，拖得久了，最后牙齿坏掉，连补都没法补救了。

我想起了海因法则，一件重大的事故背后，已经有 29 次轻度的事故发生，还有 300 次潜在的隐患提醒，但是如果不重视，就会把小问题积累成大问题。

很多困难都是想象中的，并且很多时候，在想象中困难是最大的，需要做什么事情，去做就好了。

害怕看牙拔牙补牙，可能是很多人的普遍心理；能拖就拖，不到最后一刻不去处理和面对，也是很多人常用的策略。但是一个老师说过，最好的省钱方式就是每年定期去看牙医，提前预防，有问题提前处理，不要等到牙齿坏掉了再去补救。

明白了道理不见得就能够去做，知行难以合一，真正坚定地做到才是最重要的。

最近解决了三大件拖了很久的事情，本来一直以为需要花很多时间，总觉得忙这忙那没有时间去处理，真正要去做的时候其实很简单，至少比想象中简单得多，困难大多因为想象而不断放大。

恐惧，就像躲在房门后的怪兽，越不敢开那个门，怪兽的力量就越强大，等你打开了门之后，可能什么也没有。

勇敢，勇气，力量，提高行动力，知道更要做到，做到才是一切。

独立思考的重要

分享一个巴菲特常讲的故事。

　　教士问年轻人说："有两个犹太人从高大的烟囱里掉下去，一个满身脏了，一个很干净，谁会去洗澡呢？"

　　年轻人说："当然是满身脏的人。"

　　教士说："你错了，满身脏的人看到很干净的人心想，我身上也一定是干净的；而很干净的人看着很脏的人心想，我一定是很脏的，所以是很干净的人去洗澡了。"

　　教士接着问："两个人后来又掉到了高大的烟囱里，谁会去洗澡呢？"

　　年轻人说："那肯定是那个干净的人。"

　　教士说："你又错了。很干净的人在洗澡的时候发现自己并不脏，而那个满身脏的人则相反，他明白了那位干净的人为什么要洗澡，所以这次他跑去洗澡了。"

　　教士再问："第三次他们两个从高大的烟囱里掉下去，谁又会去洗澡呢？"

　　年轻人说："当然是那个满身脏的人。"

　　教士说："你又错了，你见过两个人从同一个烟囱里掉下去，其中一个是干净的，另一个是脏的吗？"

　　看完这个故事，莞尔一笑，原来这个教士一直在挖坑，让年轻人跟着他的思路走。在教士的引导之下，当年轻人选择其一的时候，要么选择干净的，要么选择脏的，年轻人的每次回答都是错误的，而最后的坑竟然是在同一个烟囱里出来的，两个人不可能有的干净有的脏。

　　这就需要一个人的独立思考能力，不受外部的环境所影响，不受他人的言语所诱导，能够保持一个冷静理性的思考。

如果不能够保持冷静理性的思考，没有自己的独立思考能力，没有自己的想法，他永远只是一个追随者，不可能有大的成绩。因为每个人都有自己的局限性，不能够打破常规、突破局限，就只能够因循守旧，不能够脱离旧有的环境，也就无法自我突破。

回娘家的翁婿对话

听说过一个对话：

女儿女婿回娘家之后，女婿向老丈人抱怨媳妇这也不好，那也不勤快，还怎么怎么样，老丈人笑笑说："你说的都对，所以我女儿才嫁给了你啊。"

这个对话还有另一个版本：

媳妇向婆婆抱怨老公好吃懒做，还整天挑剔媳妇得毛病，婆婆笑笑说："是啊，所以他才娶了你啊。"

都说不是一家人，不进一家门，进到一家门，就是一家人。

我们往往看不到自己，只看到别人，可是你看到的别人，却往往是真实自己。

因为我们都是带着自己的独特眼镜看别人的，而从眼镜中看到的别人，却刚刚是自己不想接受的那一面。

这种心理机制在心理学中叫"投射"。

投射是将自己的特点归因到他人身上的倾向。最经典的例子就是"以小人之心，度君子之腹"。自己是小心眼的格局，对蝇头小利斤斤计较，也会觉得别人也是这样。

他人是自己的一面镜子，我们可以从他人的镜子中看到自己。

上恋爱心理课的时候有个小活动，呈现一系列的形容词，让学生选一下自己理想中的男朋友或女朋友的特征。很多同学会选漂亮/英俊、财富、责任感、幽默、善良、诚实、善解人意等特征，等到同学们都选完之后，思考并回答一个问题：

为什么具有这些特征的女孩或男孩会和你们做男女朋友？

同学们直呼，这一问"扎心"了。

你是什么样人，才能配得上什么样的恋爱对象，才能拥有什么样的婚姻。

我们总是希望从恋爱或婚姻中获得缺失的那部分，但是希望越大，失望就越大。真正需要做的，就是不断地发现自己、提升自己和完善自己。

因为有一个人生真相是：

不管在婚姻中的这个人是不是你所期望的人，都是和你刚好相配。

如果想既有颜值和财富，又有良好性格的恋爱对象，先让自己变成这样的人，才能吸引到同等频率的人。

当你想改变自己的配偶的时候，先改变自己，当自己变成理想中的样子的时候，才能带动配偶的改变。

释迦牟尼曾说过，若无相欠，怎会相见。

所有遇到的事，都是对的事；所有遇到的人，都是对的人。如果他们不是来帮助你的，就是来启发你，让你成为你能成为的人。

真正的改变

从前有一个人去一个村子，在村口遇到爷孙两人，这个人就问老爷爷说："你们这个村的人都怎么样呀？"

老爷爷抬头问他："你以前的村子的人都怎么样呀？"

这个外地人说："别提了，我们以前村里的人又小气又狡诈，经常欺骗别人，还爱占小便宜，我不喜欢那里的人，所以就想换一个村子居住。"

老爷爷说："那这个村子里的人也是这样的人。"

那个人一听很失望，就继续往前走。过了几天，又有一个外地人来到村子里，碰到在村口的爷孙两人。

来人问老爷爷说，"这个村子里的人都怎么样呀？"

老爷爷问，"你以前村子人都怎么样呀？"

这个人说："我以前村子里的人都非常淳朴善良，我们相处得也很和睦，只不过因为灾害，田地没有了，无以为生，就想着换个地方。"

老爷爷说："那这个村里的人也是淳朴善良的人，你可以放心在这里生活。"

小孙子非常不理解，就问爷爷说："为什么这两个人问的同样的问题，你的回答是不一样呢？"

爷爷说："什么样的人就会遇到什么样的人。一个小气和狡诈的人，看到别人也会认为他充满了心机；一个淳朴善良的人，他看到了别人也觉得是善良的人。"

我们总是用自己的眼光看待外部的世界，并且把自己的认识和看法投射在他人身上。反观自身是需要勇气的，把问题投射给环境、父母和他人则更容易一些。殊不知，我们没有办法改变别人，我们能改变的只有自己。如果自己不改变，即使换了环境，也可能会重复旧有的生活方式和交往模式。

我们以为换个伴侣、换个环境、换个位置、换份工作，一切就会尽如人意，可以重新再来、重新开始。可关键问题是，自己没有改变，自己的思维方式、眼光，看待问题的方式没有改变，即使外在环境改变了，身边的人改变了，所有的一切，也不会有太大的变化。因为现在所遇到的问题或困境，大多是因你而来，与你的思考方式、行为方式有关系。无论你去到哪里，遇到什么样的人，和什么样的人在一起，和什么样的人一起工作，同样的问题早晚还是会出现的。

也许你可以逃避某些问题，离开某种关系，避开某些环境，但不管是怎样的一种转变，都无法逃离自己。

如果我们不能够意识到，问题大多源于自己，需要去承担我们自己该承担的责任，去解决我们该解决的问题的时候，现有的问题就不会真正改变。

除非彻底地面对现状，清醒地接受现状，在生活中奋起，在事情上磨炼，否则不可能成长。想要和什么样的人在一起，就变成什么样的人，物以类聚，人以群分。

真正的改变是自己的改变，只有自己改变了，世界才会变。

毛驴的故事

听过一个小毛驴的故事。

一个农夫带着毛驴去干活，没想到走到路上的时候，突然遇到路塌方了，毛驴一不小心掉进去了。农夫想赶紧把毛驴拉出来，可是坑太深了，毛驴也非常重，无论农夫用尽什么样的方法，都没有把毛驴拖出来。最后农夫放弃了，想想这就是毛驴的命呀，就让它在这个坑里待着吧。农夫心善，心想坑这么大，其他的过路人经过时，不小心也会掉到坑里，然后就想把坑填平，把周边的土填到坑里去。

当农夫一下一下往坑里填土的时候，开始毛驴还嚎叫几声，后来毛驴就不出声了。农夫感到很好奇，心想这毛驴是怎么了？被埋了？还是什么其他的情况？他朝坑里瞧了瞧，发现毛驴好像离地面越来越近了。然后他继续往坑里填土。他发现毛驴会做三个动作：抖抖肩，抖抖身子，踩踩脚。就是这几个动作把它身上的土都抖落了，然后把土踩在脚下。

农夫一看乐了，心想这毛驴还真可以啊，能自救，于是就使劲地往坑里填土，于是毛驴离地面越来越近，越来越近，等农夫把这个坑填平了之后，毛驴也就安全地返回地面了。

谁都有可能掉到坑里，因为前方的路并不平坦，掉到坑里之后是抱怨、诅咒、悲愤、放弃还是积极寻求解决问题的办法，完全取决于自己。所以从这个层面上来说，我们都要向小毛驴学习，把压制自己的土当作上升的垫脚土。

有句话叫天无绝人之路，但是人的思维会让自己陷入绝路，当自己认为无路可走的时候就没有办法找到出路，当积极地去想"我怎样才能够出去的时候"就会不断地拓宽思维，不断想到问题解决的办法。

记住了，任何一个问题都有至少三种以上解决问题的办法。

自我疗愈之道

人生就是一个不断受伤、不断自我疗愈的过程。相信每个人本自具足，都是自己问题的专家，只要打开某个开关，开启自我疗愈之门，每个人都可以调动自己丰富的潜意识宝库，帮助自己渡过一个个难关，历劫归来，重启人生。

接纳，放下，行动

不管发生了什么，都是我们需要做的功课，只有不断地完成功课，生命才能前进。

有些功课容易些，有些功课困难些，有些带来愉快的情绪体验，有些带来不愉快的情绪体验，要有凡发生的一切皆有利于我的心态，不管发生什么事，遇到什么人，都是来成就自己的，不是来帮助自己，就是来启发自己，或者是磨炼自己的。人只有在事上练，才能磨炼自己的内心。

接纳：一切都是最好的安排，接纳所发生的一切，不再对抗，发生的事情才不会再影响你。

一切是最好的安排，不是指发生的事情一定是好的，而是我们的心态不再是一种受害者的心态，而是成长的心态，从发生的事情中看到需要成长的方面，不断地提高觉察，不断修正自己，从而成为更好的自己。

真正的痛苦是认为自己不应该有痛苦的痛苦，真正的失败是认为自己不应该失败的失败。

霍尼称其为"应该"的暴力。

谁都可能失败，谁都会遇到挫折，这是挫折的普遍性，但是，应该的执着，让自己无法放下自己，无法接纳自己的失败和痛苦，不断对抗的结果，是痛苦不断加重和延续。

认知到自己也是普通人，承认自己也会犯错，也会失败，也会有痛苦，接受自己的痛苦，让它成为自己反思和进步的助推剂。

放下：将自己与自己认为的"应该"分开，别被头脑绑架，别被他人的眼光局限，不管发生了什么，接纳，然后放下，你就是那个会犯错、会说错话、会粗心、会失败的自己，跳出头脑的评判，接纳自己所有的一切，不管是好的还是不好的，然后放下它们。

回到当下：把眼光放在当下该做的事情上。该工作工作，该学习学习，吃饭时就好好吃饭，睡觉时好好睡觉，走路时专心走路，行、走、坐、卧都回到正念上，不断增加觉察，一旦心在别处，就深呼吸一下，让呼吸把意念带回到当下，做好当下的每一分每一秒的事，未来也会好，因为未来是由当下的点点滴滴组成的。

　　明确什么对自己来说是最重要的：如果你觉得家庭和谐最重要，就放下争强好胜的心，家是讲爱的地方，没有理可讲；如果你觉得学习最重要，就放下对人际关系的执着；如果你觉得朋友最重要，就主动说声对不起，可以重归于好吗？

　　如果内心真的明确什么对自己最重要，澄清自己的价值观，就可以采取符合自我价值观的行动。

　　承诺行动：去做，不要停留在想的阶段，所有的困难都是想出来的。想象中的困难像泰山一样高大，阻碍着自己的去路，等到自己勇敢地走过去之后，发现一切都是浓雾的笼罩，这只是一个小土丘而已。

　　去做符合自己价值观的事，每突破一次自我，都是送给自己成长的礼物。

　　这就是接纳承诺疗法的主要心法。

乱麻展开则不烦

"这事真麻烦，想想就头大，一点都不想做。"

"退了吧，太麻烦了""放弃了，很麻烦。"

"不做了，头脑一团乱麻，很烦。"

因为乱，就像一团麻线一样，找不到线头在哪里，不知道怎么展开，所以内心烦躁、不安，又着急，希望快点找到线头，最好马上完成任务，如果不可以，宁愿放弃，即使知道这个对自己很重要。

这种感觉熟悉吗？

因为怕麻烦，而回避问题、躲避问题，甚至放弃很好的提升机会？

为什么感到麻烦？

1. 没有耐心

好的果子，必然要经历春天播种，夏天培育的过程，才能等来秋天的收获。如果着急，希望种下种子，就看到它破土而出，发芽、长大、开花、结果，最好不要让自己再付出时间和精力，就能收获结果。那只能发生在童话世界中。

2. 没有信心

事物都是遵循发展的规律的，乱麻虽团成一团，肯定有一个起始线头在，如果只找了半天就放弃了，认为自己肯定找不到线头，那必然找不到了。要相信，那个线头一定有，认真找，必然能找到，找到那个线头是早晚的事。当然，理顺一团乱麻，也不一定非得找到那个线头，做过的人都知道，还可以另辟蹊径。

3. 没有勇气

害怕麻烦，一遇到稍微麻烦一点的事情，就马上启动旧有的麻烦反应模式，给它贴上"麻烦"的标签，还没有看清楚问题是什么的时候，先泄掉一半的气，等仔细看看问题，那个麻烦的体验就更强烈了，结果，越怕麻烦，越感到麻烦。

本来只有一个直径 1 厘米的线团，越拖越大，堆积成直径超 1 米的大麻团，让自己越来越无法忽视它的存在。

麻烦是一种感觉，是在心理上感到不安、烦躁的一种情绪状态。产生麻烦的体验，定是在麻烦的感觉背后有一个怕麻烦的念头，解决的关键是看到麻烦背后的念头，然后消除它。也就是说，是因为内核有某种念头，才会在事物上显现出来，给你功课来做。就像一道复杂的数学题，在你必须完成这道题才能继续下面的功课的时候，就需要静下心来，看清楚题意，然后理理头绪，找找线索，一个线索不行，再找下一个线索，找了好多办法都不行的时候，就试试做条辅助线，说不定立刻就能思路清晰，然后迅速找到答案，接着做下面的题。

很多时候，麻烦的感觉只是由自己的旧有反应机制产生的。如果静下心仔细琢磨，说不定很快能解决问题，心想，原来这么简单啊，我还为此消耗好几天的心理纠结。

而往往，乱麻下面的内核，也就是某个念头，会为自己的生活产生诸多麻烦事，如果内核念头解决或转化了，往往与这个念头相关一系列麻烦也不再是麻烦了。

重要的是：面对，静心，梳理，解决。

只有把乱麻展开，才能消除烦乱，还内心一片的宁静澄澈。

笑的疗愈

都说笑一笑，十年少，其实，大笑不仅仅能够美容养颜、舒缓心情，还能减少压力、治愈疾病呢。

印度最早兴起了大笑瑜伽，后来越南、日本先后引入大笑瑜伽来帮助减压。大笑瑜伽的做法很简单，只要会笑就可以，他们每天都会聚在公园大笑20分钟左右，可以舒缓心情、促进消化、改善呼吸、止痛、增加肺活量、强心健脑、提高免疫力、延缓衰老等。广州早在2006年也成立了大笑俱乐部，很多会员定期参加大笑减压活动，现在全国已经有多地开展应用大笑减轻压力、疗愈心情的活动。

古代应用大笑治病的案例早已有之。在清朝有一名八府巡案，患了抑郁症，久治无效，后来经人介绍到了扬州府兴化县名医赵大夫处。赵大夫切脉后沉默不语，巡案大人再三追问，赵大夫才慢吞吞地回答说："以老朽之见，大人之疾，乃月经不调也。"巡案大人哈哈大笑脸，连说"庸医、庸医"，然后拂袖而去。此后这位巡案大人逢人谈及此事都要大笑嘲讽一番，在一次次开怀大笑中，他的病情不药而愈了。

西方也有大笑疗愈的案例。有个名为卡西·古德曼（Cathy Goodman）的人，被诊断出癌症。她说她用的方法就是大笑疗愈法。她每天看喜剧电影，不停地大笑，不断地给自己积极的心理暗示，相信自己肯定会好的。

同时，每天表达感恩，内心真正相信自己已经痊愈了。

三个月后，她的癌细胞奇迹般消失了，她说她没有做过任何放疗或化疗。

她说自己刚被诊断为癌症的时候，内心也很悲伤，但看到一个人通过大笑疗愈绝症的故事后受到启发，把"笑"纳入了她治疗的一部分。大笑可以让内心充满愉悦和幸福，充分释放体内的消极因子，也慢慢驱逐了疾病。

当然，生病了该治疗还得治疗，该吃药还得吃药，只是一定要记得心情愉快的重要作用。

随着孩子们的长大，笑容在他们脸上的时间呈直线下降，想再听到孩童时那天真烂漫的笑容真的很不容易。然而，悲伤、抑郁、难过是疾病的温床，在心情低落的时候，身体免疫力下降，更易罹患各种疾病，而在开心、快乐、愉悦时，能够增强免疫力，减少压力，提高心理弹性，更好地调整身体内环境。

为了健康、快乐和幸福，每天刻意拿出一点时间大笑吧。

自我疗愈的重要方法——写下来

有段时间接到的几个来访，都受到睡眠问题的困扰。

晚上躺在床上，大脑就像剧场，思绪满天飞，想安安静静地睡个觉，无论如何也达不到，告诉自己不要想了，可是头脑中的念头一个接一个，总是不间断。还有的时候，越想越清醒，看看时间都到了下半夜了，就更紧张了，第二天还要上班、考试，睡不好怎么会有精神呢？越紧张，大脑越不放松，反而越难以进入睡眠状态。

失眠是很多人都遭遇过的问题，可能也经历过上述情景，只有经历过的人，才知道失眠有多痛苦。

我建议他们，晚上按时上床，在睡觉之前，把头脑中所有的想法都写出来，然后在床头准备纸和笔，随时准备把出现在头脑中的想法写下来，不用管逻辑，不用管形式，就只是想到哪儿就写到哪儿就行。

后来有的来访反馈说，晚上把头脑中的想法都写下来之后，躺床上反而很平静了。

我遇到思绪太多的时候，也经常使用这个方法。

1. 写下来是将想法外化的过程

大脑有强大的联想和想象能力，这是人类创造的源泉，同时也是烦恼的来源。人们经常会过度联想，一旦大脑的兴奋点被激活，就会形成一连串的兴奋点，在夜深人静的时候，上演一幕幕头脑小剧场。而写下来，相当于把头脑中的剧场内容搬到纸面上，不再让它们在头脑中演绎，这个过程可以清除大脑缓存，释放大脑内存，减轻大脑负担。

而往往在纸上将小剧场外化后，在头脑的想象中剧场也就谢幕了。

有的来访会问，如果躺下后，还是不断地更新怎么办？这时候床头准备的纸和笔就能派上用场了，头脑中还是不断演绎，就起来接着把剧情外化到纸上，写完后再去睡。

2. 写下来是情绪梳理的过程

当我们遇到情绪问题时，或气愤难以自抑，或悲伤难以自拔，或哀叹难以消弭，或恐惧难以自持，是情绪脑在起主导作用。当情绪脑掌控着大脑中枢控制台时，不管说出的话还是做出的决定，都可能会带有一定的情绪化。这时候，我们要唤起理智脑的作用，写下来，就是纾解情绪、唤醒理智脑的重要方法。

写下来是一种情绪宣泄途径，不用管写的什么，只要想到什么就写什么，尽情地涂写、发泄，在写的过程中，慢慢地情绪就越来越少，心态渐渐平稳，再回头审视刚才的激动情景时，就知道该怎么做了，这时候就是理智脑慢慢清醒的时候。

3. 写下来是与过去告别的过程

一位女士在 16 年前经历过严重的创伤性事件，在这 16 年来，时时被那件事件困扰，过得心惊胆战，无法正常生活。咨询师建议她把过去的创伤性事件写下来，把自己的愤怒、担忧、恐惧和不满等都写下来，然后将其埋葬。

通过这种仪式化过程，象征着和过去告别，自己整理身心，重新出发。

有个学生失恋后，将所有的感受和想法写来了，折了几艘纸船到海边，把它们放到大海里，让其随洋漂流，也带走自己所有的哀愁。

有个学生激愤时，将自己的情绪一股脑写下来，写完一张撕一张，扔到垃圾桶里，再写再撕再扔，通过这种方式，让自己渐渐平静下来。

当大脑的缓存得以清理，正常的理性运行才能有足够的内存。

抑郁自我疗愈的方法——动起来

有朋友说起身边有抑郁的朋友，怎么劝也不出去活动，宅在家里，郁郁寡欢，希望去看医生或服用药物，朋友又觉得没严重到那种程度，然而，就是觉得生活没什么乐趣，没什么价值和意义。

这已经是典型的抑郁情绪的表现了，再发展下去很可能变成抑郁症，不得不去医院接受正规治疗了。

怎样阻碍抑郁情绪持续恶化下去？

我们知道抑郁的典型表现是情绪低落、思维迟缓、意志力低下、行动力降低，喜欢沉浸在自己的难过与痛苦中。那么想要对抗抑郁，就要反着来。

觉得不爱动，就去活动。

动起来，是对抗抑郁非常好的方法。

美国《体育与运动心理学》杂志曾发表过相关研究，研究发现，仅30分钟的中等强度运动，就可以改善抑郁情绪状态和快感缺失。哈佛大学教授约翰·瑞迪也说："如果你已经情绪低落，运动一下就会让心情变好，而且那种知道自己就要好起来的感觉，将彻底改变你的心态。"

关于运动如何改变抑郁情绪，临床上发现了相关的生理证据。我们感觉都紧张、焦虑、抑郁等的消极情绪，是因为大脑杏仁核分泌了压力激素，灰质发生生理性的萎缩，高含量水平的压力激素皮质醇毁坏了海马体的神经元。

而运动能催生脑源性神经营养因子（BDNF），让神经元免受皮质醇的干扰，让体内的额叶及海马体抑制功能更强，从而抵抗杏仁核的过度反应，缓解情绪。并且，运动能通过调节前额叶皮层内的血清素、多巴胺、去甲肾上腺素等化学物质，让我们感受到愉悦感。

在《运动改造大脑》一书中，作者写道，"长跑1600米与服用小剂量的百忧解（抗抑郁常用药）和小剂量的利他林（精神兴奋药，可对抗抑郁症）一样，因为与这些药物一样，运动提高了神经递质的水平。深层的解释是，运动使大脑中的神经递质和其他化学物质之间达到平衡。"

　　我们的祖先都是在丛林中奔跑、追逐、狩猎，大脑最原始的网络都布满了运动神经元，身体动起来，心情就会好。但是现在处于一机在手，不用东奔西走的时代，人们的活动范围越来越小了，甚至有的人的活动范围局限在一居一室，身体的活动越来越少了。身体往往比我们大脑知道的还要多，懒得动的人，一定要让自己动起来，让自己身体的细胞都活跃起来，才能更好地增强自身活力，对抗压力激素。

　　朋友说，知道运动对自己有好处，但就是动不起来。

　　王阳明讲知行合一，知道运动有好处，但不去做，说明还不是内心真正地知道，知是行之始，行是知之成，只有去做了，才说明真正地知道。

　　不要想太多，做就是了。在做的过程中，慢慢地会增强对问题的认识和看法。这也是具身认知的重要主张，身体先行动起来，认知自然会跟上。

　　想都是问题，做才是答案。

　　穿上运动鞋，走出去，动起来，跑起来，不管你喜欢什么运动，只要动起来就可以，为了自己的健康，为了家人的幸福，要求自己，动起来吧。

与自我的本真性联结

自我本真性（Authenticity）是近些年心理学的研究热点。自我本真性事指人们感受到真实自我的程度。研究发现，很多心理问题的产生，是与自我的本真性失去联结的原因。

小学第一课学的是"天、地、人"，人在天地之间，本来是属于自然的产物，是一种高级动物，人如果离开了自然，可能就脱离了本真，离开了本然的属性，从而感觉到力量的缺失和情绪的低落。

回归自然，找回本真。

自然是最好的疗愈师。

奔跑，在自然间奔跑。

如果你感到不开心，就出去跑个痛快了，跑个酣畅淋漓，在跑完之后，随着身体的疲惫，心理的抑郁也会随着释放。

"抑"是压抑的心思、感受郁结而成的一团乱麻，让人心不安。处理瘀堵不是加大堵塞力度，而是疏通郁结。

纾解是解郁的直接之道。

"没有什么能够阻挡，你对自由的向往，天马行空的生涯，你的心了无牵挂，穿过幽暗的岁月，也曾感到彷徨，当你低头的瞬间，才发觉脚下的路，心中那自由的世界，如此的清澈高远，盛开着永不凋零，蓝莲……"

因《蓝莲花》而广为人知的许巍也曾有过被抑郁困扰的黑暗岁月。他在采访时说，在 2000 年，因新专辑销量不佳，加上各种生活压力，患上抑郁症。他当时想得太复杂了，负面情绪特别多，非常敏感、自卑，觉得自己特别失败，睡不着觉，吃完药还是睁眼到天亮，度日如年。

那段时间不能接触音乐，很多社会功能也受到影响，为了治疗也吃药，但后来选择了跑步，刚开始沿湖跑一圈都很难，但最后多一圈，再多一圈，就是这样不断地跑、跑、跑，最终跑出了抑郁的黑暗圈。

于是许巍从北京回到了家乡西安调养，在这一年时间里，他什么都没干，不听音乐，不弹琴，不读书，醒来就是去公园跑步。

刚开始时身体差，只能跑二三圈，一年后他能跑十三四圈。在访谈节目中，他谈道："自从跑步后，我感觉自己的身体明显好了很多，精神状态也比以前强。"有一天，许巍跑步到了大雁塔，然后在这里待了一整天，他被玄奘西行的故事深深触动到了，回到家的他开始为曲子写词，然后创作出来被广为流传、奉为经典的歌曲《蓝莲花》。

中国科学院研究所蔡华俭研究组发现，自然可以促进个体自我本真性，预防焦虑、抑郁，提高心理健康水平。

在居住地种花草，增强与自然的联结感，相比城市环境，深处自然环境的被试（如公园）报告具有更高的本真性。

随着城市化程度的加快，人们每天住在钢筋混凝土中，孩子很少能够触碰到泥土，随着年龄的增大，学业压力的加重，户外活动的时间也被极度压缩，更不用提在田野间狂奔的释放。

初高中的孩子出问题的风险是更大的，随着孩子自我意识的提升，开始更为关注外界的评价和他人看法，从小学时候对外界关注，转向对自我的关注，就会出现少年的烦恼。这些烦恼大多是正常的，属于发展性问题，跑跑步，打打球，跟同学们笑笑闹闹，很快就将不良情绪释放了，可是，如果缺少了这些途径，又遇上不爱跟同学交流的个性，什么事都放在心里，压抑久了，就容易久结成郁，青少年的抑郁问题也就出现了。

青春期时候的孩子是很挑战父母的亲职力的。当遇到挑战的时候，父母要学会反思自己，调整方式和策略，尝试着打开孩子的内心，让孩子能跟你多说话，这样就能够更多地了解孩子的所思所想，就可以针对性地进行引导了。

回归自然，与人的自然属性联结，让人能够定期接收天地之灵气，给自己和孩子充满电，然后再回到钢筋混凝土中为了梦想而奋战。

你不知道的那些例外

在焦点解决短期治疗和叙事治疗中，有一个非常类似的技术，就是找例外的技术。

任何事情都有两方面，当遇到问题时，可以从正向的意义出发，寻找"例外"，带来问题的解决。

我们要相信，不管遇到怎样的问题，总是能够找到它正向、好的一方面，并且找到事情发生的例外，从而达到事情的解决。

在世界上，每一刻都在变化，像《易经》所阐述的，"一阴一阳之谓道""阴阳相推而变化生"，万事万物总是处在永恒的变化之中。这就是说任何人都不可能无时无刻处在问题情境中，总有问题不发生的时候，即所谓的"例外"，例外常常可以作为问题解决的突破口，比如，争吵的夫妻总有不争吵的时候，焦虑的人总有不焦虑的时候。咨询师在咨询过程中就要帮助他们发现什么情况下不会争吵，什么时候不会焦虑，这就发现了解决问题的线索，启发他们发现自己的资源和改变问题的能力，达到问题的解决。

叙事治疗中的例外是找那些遗漏的故事片段。当来访者叙述了一个主流故事，认为自己是一个不被爱的、自己是不幸的、自己是很可怜的角色的时候，咨询师帮助他去寻找生活中被爱的片段，被关注的、被关怀的情景。

任何事情总是会有例外的，没有哪个故事是完全没有例外的，我们总是选择性地记住能够去构建自己主流故事的信息，而忽视其他的信息，如果我们塑造了一个快乐者的角色，可能我们就会忽视生活中不愉快的事件；如果我们给自己构建了一个抑郁症的故事，那对于一些美好的、快乐的、感激的片段就会无意识的忽视掉。

虽然被忽视掉，但不代表没有发生过，所以寻找例外的技术，就是去找到生活中遗漏的那些片段。然后把这些片段一点点地串起来，就像从海边捡的贝壳，串成一串，挂在身上就是一串美好的项链。

曾经有一个女生，遇到劳动节、国庆节和寒暑假放假的时候就特别痛苦，不想回家，但是宿舍的人都回家的话，只留下她自己，她又不想待在宿舍里，左右为难。她说她最大的痛苦，就是不想面对她的父亲，她觉得父亲对她特别不好，苛刻严厉，给她留下的全都是痛苦的记忆。我请她回想一下有没有父亲对她好的一些情景。她说没有，一点都没有。我说你可以再想一想小的时候，初中、小学、和幼儿园的时候。慢慢地，她想起小时候她父亲带她去钓鱼的场景。那天阳光很好，她和父亲来到河边，拿着大小鱼竿，看着平静的河面，安静地等着鱼儿上钩，非常平静而美好。我鼓励她，这是一个非常好的温馨画面，还可以继续再找到很多父亲对她好的地方，然后就把这个作为家庭作业布置给她。

在下次咨询的时候，姑娘的状态完全变了，她找到了好多件父亲对她好的事情，也改变了对父亲的偏见，她觉得父亲可能就是一个非常严厉、不善言辞的性格，但是从一些细节的流露中还是可以看出，父亲是爱她的。

通过例外技术，不断去找到那些遗漏的片段，发展出一个支线故事，慢慢地把支线故事扩充，把单薄的内容写丰厚，写充实，就可以让这个支线故事替代有问题的主线故事，当来访者的生命故事变成了愉悦而美好的故事的时候，来访者的问题就解决了。

由此我们可以看出，叙事治疗认为来访者的问题是自己建构的，讲述出来，打破来访者已有的问题故事，重新建构一个新的故事，来访者的人生也就完全不一样了。

每个人都像一本书，如果我们能够领悟到，自己既是这个故事的主人公，又是故事的作者的时候，我们就拿回了自己命运的主动权，开始努力按照自己希望的方向去书写自己的人生，这本书写的精彩与否、丰厚与否、有意义与否，全看自己。

问题外化技术

叙事治疗认为，问题是问题，人是人，要把问题和人分开，不能把问题和人合为一体。

举个例子，我们经常把人和问题合为一体，如果一个人做了一件自私的事情，我们就会说这是一个自私的人；如果这个人表现的虚荣，我们就会说这是一个虚荣的人；如果这一个人比较从众，我们就会说这个人是一个从众的人。

对一个学生来说也是这样。如果一个学生成绩不好，我们经常会认为这是一个差生。

这种问题内化的形式容易把任何问题合为一体，把人等同于问题，而人的力量就会减弱或者失去。

叙事治疗的专家吴熙娟老师曾经分享，他们刚从美国回台湾的时候，很多的条件都没有实现，尤其是先生的实验室没有建起来，没有办法尽快投入实验中，没有成果，慢慢变得比较抑郁。当她看到先生的状态，就用问题外化的技术跟先生讨论说，实验室没有建起来不是他的问题，在美国实验做得很好，研究做得很棒，所以他不等同于抑郁，只不过因为最近遇到的一些困难，导致抑郁找上了他。

如果把抑郁和人分开来，人就有力量，把抑郁作为一个客观外来物来看待，就知道怎样对待自己的抑郁情绪。

把问题同人分开来，让人本身获得自己的力量，这是一个非常有力量的技术，非常实用，问题是问题，人不等同于问题。

问题外化技术经常会借用一些拟人化的命名方式来进行，比如说一个学生来咨询说，他经常控制不住自己的脾气，动不动就会发火，不知道该怎么办。老师跟他一起讨论，如果要给这一个动不动发脾气的状态，起个名字，该起个什么样的名字呢？这个学生说就像一个暴君一样，动不动就会发作。

老师说，"OK，那我们就叫它"小暴君"。它经常会找到自己，可是当我们看到小暴君来的时候，可以跟它沟通一下，除了发火暴躁之外，可不可以找到其他的问题解决方式？"

学生觉得他可以停下来跟小暴君说，"你走吧，我不欢迎你，我不再发火，我不再暴躁，我不再被你控制"。

一旦这个学生看到了这个暴躁的小暴君经常无来由的来影响他的时候，他就知道怎样跟它和平相处。假设没有办法赶走它，也不需要让它控制自己，于是这个学生的主人翁的意识和态度拿回来了。

世界卫生组织曾经把抑郁比喻成为一条黑狗，这条黑狗时不时地来到抑郁者的生活里，打扰他们的正常生活，控制他们的思想，控制他们的情绪，让他们很无能、很颓废、很消沉。但是如果他们意识到那是黑狗的作用时，就可以想办法应对黑狗的影响，即使无法赶走它，也尝试着跟它和平相处，而不是处于被它所控制的无力状态。

问题外化技术，你学会了吗？

我们要时刻保持自我的觉知，不要让外在的私欲控制自己的本体，就像禅宗当中的当头棒喝，"主人翁何在？"

具体化——消除焦虑的重要技巧

很多时候，当我们对面临的问题不清晰时，会产生焦虑感，内心惶恐不安，而这种不安又会四处弥漫，让自己感觉六神无主，并产生诸多不满、指责、抱怨，或者感慨。

常见的感慨是：生活好难啊，人生好痛苦啊，真是很烦啊，活着好累啊……

我刚开始自己带孩子的时候，被这个小东西整得很焦虑，实在太郁闷了，就给师姐打电话诉苦，张口就说："生活好烦啊"。师姐说，"你是学心理的，你得问问自己，生活的哪些方面很烦？"

我一下反应过来，我犯了笼统和模糊的错误，需要把让我烦心的事具体一下，看看它到底是什么。等到冷静下来分析时，发现我所谓的"生活好烦"，不过就是那个小家伙的各种欲求搞得我贫于应对，没有自我空间。想清楚了问题，自然去寻找问题解决之道。

师姐使用的技术，在心理咨询中称为具体化技术。

具体化是心理咨询中的常用技术，非常好用，能够帮助来访者澄清很多模糊的、笼统的、复杂的甚至是混乱想法、感受和情绪。

比如说，有位来访者会说这段时间好焦虑。

咨询师会用具体化技术，一层层的帮助来访者分析焦虑的具体事件、时间段和焦虑的体验。等澄清之后，来访者才发现，原来自己所谓的"很焦虑"，只是因为前两天没有得到本来有把握得到的 Offer，而引发的弥漫性的焦虑感觉。而因为对某一事件引发的担忧，会引发很多的类似感觉，这些模糊的感觉像迷雾一样笼罩着自己，让自己感觉很紧张、很焦虑，整天恍惚的感觉。

而具体化技术，就像剥洋葱一样，帮助来访者一层一层看到自己焦虑的内核，看到担心的背后，到底是什么？等看清了内核，发现自己本来担心是只庞然大物似的怪物，张牙舞爪、青面獠牙，恐惧异常，等仔细看去，原来只是一张纸片立在那里，只不过灯光的照射使它成为"庞大的怪物"。

　　等到来访者看到内心真正担心的是什么，下一步就帮助来访者分析哪些是能控制的，哪些是不能控制的。对于不能控制的，想也没用；对于能控制的，就一一写下来，然后一一处理它。

　　有一次有个学生要参加面试，非常焦虑，一方面觉得现在就业很难，有个面试机会很难得；另一方面又对自己信心不足，担心自己无法很好地应对考官们的提问。

　　我们一起用具体化的技术，对她焦虑的事件进行一一澄清：

　　不能控制的事情：考官的提问、考官的评分、竞争的激烈、其他竞聘者的表现；

　　能控制的事情：还有一周时间、可以精心准备、尽自己最大的努力

　　等分析完之后，学生说，我知道怎么做了。

　　希望大家能够一步步地给自己的焦虑、烦恼等剥洋葱，剥掉模糊、笼统的外壳，看清楚其内核是什么，然后把握能控制的部分，做到自己能做到的最好。

　　只有春天播种、耕耘，才能迎来秋天的收获。

　　所以，我们要做的不是焦虑时光，而是耕耘岁月。

"我觉得"引发的交错沟通

上文提到，具体化技术可以帮助我们逐层分析焦虑事件，将产生焦虑等的情绪问题一件件呈现出来，就像剥洋葱一样，一层层剥下去，看看最内核的担忧和恐惧是什么，然后判断哪些是我们能控制的，哪些是不能控制的。

去做好那些能控制的事。

具体化技术还可以很好的澄清沟通中所引发的交错。很多时候"我觉得"，只是我觉得，并不是别人真正想表达或需要的东西。

跟大家分享两个我经历的交错沟通的例子。

刚上大一时，认识了一个好朋友，她姥姥家就住在学校后面，翻过一座山就能到了。于是周末的时候，她会带我去她姥姥家吃饭，改善一下生活。

她姥姥人很好，善良、温和、热情，会用地道的胶东饮食招待我，在她家第一次吃到了爬虾，有人也叫虾爬子或皮皮虾，看着像胖蜈蚣一样趴在盘子里，好奇又无处下手，是姥姥告诉我怎么扒虾，怎么吃。当时在餐桌上，姥姥还说"如果有什么事，就放一声"。我听了很别扭，因为在我的家乡，"放"是用来骂人的话。姥姥前后说了好几次，我胡乱答应着，也不好意思问。

再翻山回校的路上，我就问朋友，你姥姥怎么老是叫我"放一声"，朋友诧异地说："我姥姥说，如果你遇到什么困难，就说一声，有什么不对吗?"我于是就乐了，跟她说我们家乡用"放"来骂人。

原来，这么几个小时的地域差异，还有很多引发理解差异的表述。

工作后开始学车，以前学车相对比较简单，学的也少，考得也轻松。所以学了一阵，教练就安排一早去考科目二，那时主要是倒车入库考试。教练说，你是学心理的，心理素质好，考过了，给后面的学员带个好头。

说实话，我心里真没底，学得少，技术不牢。

但教练说考，那就考吧。

第一次倒车入库时，很快就撞着后面的杆了。

再来第二次，倒着倒着，就听教练在很远的监控区域外扯着嗓子喊，往右打，往右打，我看到就快要撞着右边的杆了，为什么还让我往右？我装作没听见，还是往左打，碰，又一次撞杆，顺利的下车了。

教练气得浑身都能冒烟。

一看我下了车过来，说："我让你往右，你就往右，还能熊（方言，他的意思是欺骗）你吗？"

我看到气成那样，心想，你就熊（方言，作者的意思是批评，责备）一顿，出出气吧，反正我没觉着怎么着，没练几次，技术不熟，考不过很正常。反而是教练比较在意，因为会影响到他们的通过率。

于是就说了一句："你想熊就熊吧（意思是你想批评就随便批评吧）。"

教练更生气了，把我拉到一边，用车钥匙画了两条线，跟我说倒车的时候，看着离右边近了，要往右打，往右打方向盘的话，车尾往右走，更容易撞杆。

我赶紧答应着，说还有课得赶时间。庆幸的是，赶到学校没有耽误上第一节课。

当时还是给专业的学生上实验心理学。课下我就说起早晨的事，其中一个学生说，老师，教练说的"能熊你吗"的意思是，"还能骗你吗"。

我一下哭笑不得，怎么会这样，我们以前经常说"熊人"，就是批评、谴责、责备、骂人的意思。

这是两次印象非常深的用我的观念理解他人表达事件。

"我觉得、我认为、我以为"等的事情，并不一定是你以为的样子。

后来学习发现，很多语言表达，都带有个人理解的色彩。这些在咨询中，都是需要进行澄清的概念，而澄清的方法，就是用具体化的方法。

比如，有个来访者说他要过成功的人生。我说你认为的成功是什么？他说最起码得年薪达到10万。这是他认为的成功，可能别人认为的成功是月薪10万，差别是很大的。

有个来访者说他要给自己定个小目标。我问他，你所谓的小目标是什么？他说，我要先挣10万块钱。这是他的小目标，可能别人的小目标是先挣一个亿。

有个学生说，我要考个理想的成绩。我问，你的理想成绩是指什么？他说，每门课都要全班第一。哦，可能别人的理想成绩是及格万岁。

还有很多词，比如，优秀、好看、幸福、难过、焦虑、痛苦等等，都是带有自己的认识和解读的，每个人都有自己的不同理解，如果只是用"我觉得"的方式，很可能你觉得优秀或幸福，并不是别人觉得的那样子。

所以，具体化技术的应用，可以帮助我们澄清对方想表达的真实意思，避免以己度人，从而产生沟通交错。

矛盾意向法——强迫症的克星

对一例强迫症的心理治疗，曾经是让我很受挫的事情。十多年前，我还在研究生实习阶段，接待了一例大二男生的案例。

第一次咨询的时候，他说总是控制不住地去检查自己的暖瓶，看看自己的暖瓶被别人动了没有。

第二次咨询的时候，他说不再检查暖瓶了，他总是控制不住地检查自己的床铺，看看有人动了没有。

第三次咨询的时候，他说他不再检查床铺了，开始不断地检查自己的橱柜。

在跟他一起分析成长经历时，有件印象深刻的事：他从两岁开始到现在，一直重复一个下坠的梦。由此可以推断他从小缺乏安全感。

其他的印象就不深了，我觉得帮不了这个同学，就转介给了师兄。

第一次觉得强迫症的案例如此难以处理。

上课的时候，追着导师问，遇到这样的案例该怎么办？

导师给了我五个字：矛盾意向法。

我就回去查资料，发现这个方法真的挺好用，是处理强迫症的良丹妙药。

矛盾意向法最早是由奥地利心理学家、精神病学家弗兰克尔提出的。他在临床中发现，很多人非常想控制某种行为，但是总是控制不了，明明知道不该这样做，但是没有办法，这就是强迫症的核心要素，常见的是强迫性思想和强迫性行为。

一般人的做法是不断地去控制这种思想或行为，越想控制，越控制不了。

维克多·弗兰克尔（Viktor Frankl）说，要去做的不是控制这种行为，而是让这种行为不断加强，以恢复原有的控制力。

举例来说，有位老妇人有手抖的问题，尤其是客人来了之后，她给客人端去咖啡，可是总是控制不住的手抖，经常把咖啡洒出来，非常尴尬，端咖啡的时候越想控制自己的手不要抖动，越控制不了。

弗拉克尔指导她说，下次再给客人端咖啡的时候，告诉自己，让自己的手抖动的更厉害些吧。

半信半疑的老妇人回去照做了，奇怪的是，越想让手抖动，那端着咖啡的手反而稳稳当当了，她很高兴地回去和弗兰克尔分享效果，这个方法就是这么神奇。

有位公众人物要经常在大众面前演讲，但他最大的困扰是站到演讲台上，总是控制不住地腿抖，试了很多办法都无法控制自己的腿不要抖动。弗兰克尔告诉他，下次上台之后，告诉自己使劲抖动自己的腿，抖动得越厉害越好。

奇怪的是，当他有意识的想让自己的腿抖得厉害的时候，腿抖的毛病反而消失了。

矛盾意向法就是这么好用，我得到这个法宝后，经常应用在临床咨询中，常见的是对失眠问题的处理。

失眠的来访者大都让自己赶紧睡，赶紧睡，如果不早睡，第二天无法早起，无法精力充沛的工作、学习、考试，或应对重大事件，越是这样想，越难以入睡。

矛盾意向法的应用就是，让自己睁着眼睛看天花板，不要睡，看看自己能睁眼到什么时候。往往这样做的时候，来访者不知不觉就进入了梦乡。

强迫症的核心是明明知道不能那样做，不能那样想，但是却控制不住自己；矛盾意向法的一个核心原理是，通过夸张的做法去做、去想本来不该那样做、那样想的事情，让其回到意识层面，重新拿回控制权。

如果你或者身边人也有类似困扰，可以试试这个方法。

雕刻自己

有一个人路过一座雕像旁，看见那个雕像拿着一个锤头和一个钻在不停地叮叮当当地雕刻着什么，非常好奇，就停下来问他说："你在雕刻什么呢？"这个雕像抬头看了一眼说："你没看见吗？我在雕刻自己。"

这人仔细一看，果然雕像的上半身已经初具规模，下半身还是一团模糊。而他在不断叮叮当当地去除自己身上多余的那些东西，呈现本来的面貌。这个人不禁驻足观望，这是怎样的一种勇气和力量，让他能够拿起刻刀来雕刻自己？

你是谁？你想成为什么样子？你最终想变成什么？并不在于往自己身上贴了多少东西，增加了多少东西，很大的一部分是我们去除了身上的不需要的东西，回归本来的面貌。

雕刻自己需要非常大的勇气，但是只有一个，重要的是生发点，那就是想变成更好的自己。

老子说："为学日益，为道日损，损之又损，以至于无为"，学习是需要不断地增加，每天多学一些，多获得一些知识，可是想要寻找自己最本真的道，就需要每天减少一些自己不需要的东西，减少什么呢？减少欲望，减少不满，减少抱怨，减少自私，减少悔恨，减少傲慢，减少自私，减少贪婪，减少心上的负累。

鸟儿能够展翅高飞，是因为它的翅膀上没有任何负累，不管是黄金还是石头，都会让鸟儿的飞翔受到阻碍。

很多玉是混杂在石头中的，如果不把各种杂质去除掉，就显现不出玉的样子，而璞玉也需要通过雕琢，才能成为各种美好的样子，正所谓，"玉不琢，不成器"。

金子也需要通过艰苦的冶炼过程。如果问金子要不要去大熔炉里锻造，金子大概率也是不同意的，但是经过几轮的艰难困苦，最后冶炼成真金后，金子自己也会欣喜的。

如何雕刻自己？

首先，自己要知道自己想把自己雕刻成什么样子。

其次，勇敢地拿起一把刻刀，除去那些不属于自己的一部分。

最后，行动起来，进行自我雕刻和自我革命。

参考文献

［1］王阳明. 传习录［M］. 谢廷杰，辑刊，张靖杰，译注. 江苏：江苏凤凰文艺出版社，2016.

［2］孟子. 孟子［M］. 方勇，译注. 北京：中华书局，2015.

［3］老子. 道德经［M］. 楼宇烈较译. 北京：中华书局，2021.

［4］中华文化讲堂. 六祖坛经［M］. 北京：团结出版社，2017.

［5］袁黄. 了凡四训［M］. 北京：团结出版社，2017.

［6］杨行恭. 王阳明传奇［M］. 武汉：湖北人民出版社，2001.

［7］度阴山. 知行合一王阳明3：王阳明家训［M］. 南京：江苏凤凰文艺出版社，2016.

［8］杨广学. 庄子真义［M］. 成都：天地出版社，2023.

［9］张德芬. 活出全新的自己［M］. 上海：上海文艺出版社，2009.

［10］郑渊洁. 好习惯攻略［M］. 天津：天津人民出版社，2014.

［11］周岭. 认知觉醒：开启自我改变的原动力［M］. 北京：中信出版社，2020.

［12］金惟纯. 人生只有一件事［M］. 北京：中信出版社，2020.

［13］金惟纯，金质灵，金默蓝. 人生总会有答案［M］. 北京：国际文化出版社，2024.

［14］杨凤池. 咨询心理学［M］. 北京：人民卫生出版社，2018：

［15］范毅然. 洛克菲勒写给儿子的38封信［M］. 长春：吉林文史出版社，2019.

［16］范毅然. 巴菲特送给儿女的一生忠告［M］. 长春：吉林文史出版

社，2023.

[17] 卫蓝. 反本能 [M]. 北京：人民邮电出版社，2022.

[18] 一稼. 美好人生运营指南 [M]. 北京：中信出版社，2018.

[19] 亚隆. 妈妈及生命的意义 [M]. 庄安祺，译. 北京：机械工业出版社，2022.

[20] 泰戈尔. 泰戈尔散文诗全集 [M]. 北京：北京燕山出版社，2000.

[21] 荣格. 红书 [M]. 周党伟，译. 北京：机械工业出版社，2016.

[22] 艾利克森，普尔. 刻意练习 [M]. 王正林，译. 北京：机械工业出版社，2021.

[23] 罗素. 幸福之路 [M]. 北京：华夏出版社，2016.

[24] 卡巴金. 正念：此刻是一枝花 [M]. 北京：机械工业出版社，2022.

[25] 卢森堡. 非暴力沟通 [M]. 刘轶，译. 北京：华夏出版社，2021.

[26] 斯特罗萨尔，罗宾逊. 拥抱你的抑郁情绪 [M]. 北京：机械工业出版社，2021.

[27] 埃格尔. 越过内心那座山：12 个普遍心理问题的自我疗愈 [M]. 周常，译. 北京：新华出版社，2022.

[28] 稻盛和夫. 活法 [M]. 曹岫云，译. 北京：东方出版社，2019.

[29] 坎菲尔德，沃特金. 吸引力法则 [M]. 北京：光明日报出版社，2015.

[30] 柯维. 高效能人士的七个习惯 [M]. 北京：中国青年出版社，2002.

[31] 派克. 少有人走的路 [M]. 平冬冬，于海生，译. 北京：中华工商联合出版社，2017.

[32] 盖斯. 微习惯 [M]. 桂君，译. 南昌：江西人民出版社，2016.

[33] 穆来纳森，沙菲尔. 稀缺 [M]. 魏薇，龙志勇，译. 杭州：浙江人民出版社，2014.

[34] 拜恩. 秘密 [M]. 长沙：湖南文艺出版社，2018.

[35] 瑞迪. 哈格曼. 运动改造大脑 [M]. 浦溶，译. 杭州：浙江人民出版社，2013.

［36］海．生命的重建［M］．徐克茹，译．北京：中国宇航出版社，2008.

［37］岸见一郎．不安的哲学［M］．潘小多，译．北京：人民邮电出版
社，2023.